LED技术及应用

主　编　杜嵩榕　严启荣　周秋燕
副主编　徐晓旋　陈宏斟　林勇杰

电子工业出版社
Publishing House of Electronics Industry
北京·BEIJING

内 容 简 介

本书是光电课程改革创新系列教材之一，全书共有 8 个项目 27 个任务，主要内容包括 LED 封装技术、LED 性能测试、LED 驱动电源设计、LED 照明灯具装配、LED 景观照明设计与制作、LED 显示屏应用、LED 智能路灯应用、LED 智能照明系统。本书在介绍上述内容的同时有机融入爱国主义、职业素养、辩证思维等思政元素。

本书是新编校企合作教材，采用适应技能培养的"项目+任务"体例编写，注重工学结合，有利于专业与产业、职业岗位更好地对接，专业课程内容与职业标准更好地对接；有利于培养专业技能扎实的德、智、体、美、劳全面发展的新时代人才。

本书可作为职业院校、技工院校光电类、电子类专业的教学用书，也可作为光电技术职业技能大赛培训用书。

未经许可，不得以任何方式复制或抄袭本书之部分或全部内容。
版权所有，侵权必究。

图书在版编目（CIP）数据

LED 技术及应用 / 杜嵩榕，严启荣，周秋燕主编. —北京：电子工业出版社，2023.3
ISBN 978-7-121-45334-2

Ⅰ．①L… Ⅱ．①杜… ②严… ③周… Ⅲ．①发光二极管－职业教育－教材 Ⅳ．①TN383

中国国家版本馆 CIP 数据核字（2023）第 055544 号

责任编辑：张镨丹　　　　　　　特约编辑：田学清
印　　刷：北京盛通数码印刷有限公司
装　　订：北京盛通数码印刷有限公司
出版发行：电子工业出版社
　　　　　北京市海淀区万寿路 173 信箱　　邮编：100036
开　　本：880×1230　1/16　印张：12.75　字数：264 千字
版　　次：2023 年 3 月第 1 版
印　　次：2024 年 12 月第 4 次印刷
定　　价：38.00 元

凡所购买电子工业出版社图书有缺损问题，请向购买书店调换。若书店售缺，请与本社发行部联系，联系及邮购电话：（010）88254888，88258888。
质量投诉请发邮件至 zlts@phei.com.cn，盗版侵权举报请发邮件至 dbqq@phei.com.cn。
本书咨询联系方式：（010）88254549，zhangpd@phei.com.cn。

光电课程改革创新系列教材编审委员会

主　　任：何文生　　原广州市电子信息学校　副校长
副主任：杨潮喜　　东莞市电子科技学校　校长
　　　　　杜嵩榕　　广东开放大学（广东理工职业学院）　副部长
　　　　　周广大　　珠海市第一中等职业学校　副校长
　　　　　王艳凤　　广东唯康教育科技股份有限公司　总经理
委　　员：李刘求　　东莞市电子科技学校
　　　　　严启荣　　广东开放大学（广东理工职业学院）
　　　　　刘招荣　　珠海市第一中等职业学校
　　　　　张腾飞　　东莞市电子科技学校
　　　　　周秋燕　　广东生态工程职业学院
　　　　　陈宏尌　　珠海市第一中等职业学校
　　　　　王倩倩　　东莞市电子科技学校
　　　　　徐晓旋　　广东生态工程职业学院
　　　　　廖家敏　　东莞市电子科技学校
　　　　　吴培辉　　广州市电子信息学校
　　　　　王中龙　　珠海市第一中等职业学校
　　　　　程振中　　东莞市电子科技学校
　　　　　吉　凤　　珠海市第一中等职业学校
　　　　　廖建红　　广东唯康教育科技股份有限公司
　　　　　林勇杰　　广东唯康教育科技股份有限公司
　　　　　陈祥云　　广东唯康教育科技股份有限公司

前言 PREFACE

党的二十大报告指出"统筹职业教育、高等教育、继续教育协同创新，推进职普融通、产教融合、科教融汇，优化职业教育类型定位"这一新部署、新要求是"实施科教兴国战略，强化现代化建设人才支撑"的重点举措，对开拓职业教育、高等教育、继续教育可持续发展新局面，书写教育多方位服务社会主义现代化建设新篇章，具有非常重要的导向意义。2021年，中共中央办公厅、国务院办公厅印发了《关于推动现代职业教育高质量发展的意见》（以下简称《意见》）。《意见》在关于深化教育教学改革的内容中提出"改进教学内容与教材"。LED产业作为新兴产业正处于蓬勃发展阶段，对专业人才的需求日益剧增，越来越多的院校开设了LED相关专业或课程。为了满足人才培养的需要，及时更新教学标准，编写适用性强的教材非常有必要。

"LED技术及应用"是职业院校光电信息技术应用、电子技术应用、微电子技术与器件制造等专业的一门核心课程。本书分为8个项目，分别为LED封装技术、LED性能测试、LED驱动电源设计、LED照明灯具装配、LED景观照明设计与制作、LED显示屏应用、LED智能路灯应用、LED智能照明系统，适用于职业院校学生和行业企业技术人员。本书项目内容由简单到复杂，通过详细的图解实例对相关内容进行讲解，符合学生的认知规律。

本书结合LED的发展趋势和实际工程应用，注重将新技术、新工艺、新规范、典型生产案例及时纳入教学内容，具有较强的适用性。本书的编写素材来源于行业企业，内容新颖，实用性强，将LED相关知识与实践操作有机地融为一体，做到深入浅出，适用于职业院校学生学习。本书注重学生职业能力和职业素养的培养，深入挖掘专业课程蕴含的思政元素和承载的育人功能，有机融入爱国主义、职业素养、辩证思维等思政元素，有利于促进学生德、智、体、美、劳全面发展。

本书的编写得到了行业企业、教研机构和职业院校的大力支持。行业企业工程师对本书提供了技术支持；教研专家理顺了本书的编写逻辑与职业教育规律的关系；专业骨干教师结合教学经验、企业调研和学生学情编写了本书。多方一起改革教学理念、教学内容、教学方法和教学手段，使得本书更具开拓性和创新性。

本书由广东开放大学（广东理工职业学院）的杜嵩榕和严启荣、广东生态工程职业学院的周秋燕担任主编，广东生态工程职业学院的徐晓旋、珠海市第一中等职业学校的陈宏斟、广东唯康教育科技股份有限公司的林勇杰担任副主编。本书在编写过程中得到了广东省光电技术协会、有关企业、编者所在学校及兄弟院校的大力支持和帮助，在此表示感谢，并向相关编者致以诚挚的谢意。

由于编者水平有限，书中难免有不足之处，期待专家和读者提出宝贵的意见，以便进一步完善本书。

编 者

目录

项目一　LED 封装技术 1

　　任务一　LED 封装基础知识 2
　　任务二　LED 封装材料介绍 9
　　任务三　LED 封装工艺与生产 16

项目二　LED 性能测试 28

　　任务一　LED 光色电综合测试系统 29
　　任务二　LED 光强分布测试系统 38
　　任务三　LED 电性能测试系统 48
　　任务四　LED 老化与寿命试验 51

项目三　LED 驱动电源设计 58

　　任务一　LED 驱动电源的分类 59
　　任务二　LED 驱动电源的基本原理 62
　　任务三　LED 驱动电源常用的拓扑结构及应用 65
　　任务四　LED 连接方式与 LED 驱动电源的选配 70
　　任务五　阻容降压驱动器的设计 76

项目四　LED 照明灯具装配 82

　　任务一　LED 球泡灯的装配 83
　　任务二　LED 面板灯的装配 91
　　任务三　LED 日光灯的装配 97
　　任务四　LED 吸顶灯的装配 104
　　任务五　LED 可调光筒灯的安装 107

项目五　LED 景观照明设计与制作 114

任务一　LED 彩色灯带的设计与制作 115
任务二　LED 冲孔发光字的设计与制作 120

项目六　LED 显示屏应用 127

任务一　显示屏的分类与特点 128
任务二　LED 单色点阵屏的原理及应用 132
任务三　LED 全彩显示屏的结构和应用 141

项目七　LED 智能路灯应用 151

任务一　LED 智能路灯系统分析 152
任务二　LED 智能路灯系统的控制、调试及故障检测 165

项目八　LED 智能照明系统 174

任务一　LED 智能照明系统的分析 175
任务二　LED 智能照明系统的调试 189
任务三　LED 智能照明系统的应用 192

项目一

LED 封装技术

LED 技术及应用

项目目标

1. 理解 LED 封装的作用及意义。
2. 认识常见的 LED 封装材料及特性。
3. 掌握 LED 封装的工艺流程及技术指标。

思政目标

1. 了解我国 LED 封装行业的发展状况，增强学生对民族品牌的信心。
2. 弘扬社会主义新时代的工匠精神，提升学生职业素养。
3. 培养学生劳动观念，提高学生安全意识。

LED 是 Light Emitting Diode（发光二极管）的缩写，是一种能够将电能转化为可见光的固态半导体器件。LED 产业作为一项清洁环保的新兴行业，具有广阔的市场前景。LED 产业链主要分为上游外延片和芯片、中游封装及下游产品应用。LED 封装在 LED 产业链中处于承上启下的位置，起着关键作用。

任务一　LED 封装基础知识

LED 被广泛应用于显示、室内外照明、汽车照明等领域。随着市场需求的变化和 LED 封装技术的发展，LED 封装将朝着高功率、多芯片集成化、高光效（发光效率）、高可靠性、小型化方向发展。

任务目标

知识目标

1. 了解 LED 封装结构和 LED 封装种类。
2. 认识 LED 封装车间对环境的要求，包括净化要求、温度要求、湿度要求及防静电要求。

技能目标

能做好防静电、防尘措施。

项目一　LED 封装技术

 任务内容

1. LED 封装结构及 LED 封装种类。
2. LED 封装车间对净化、温度、湿度、防静电等方面的指标要求。

 知识与技能

LED 芯片是一块很小的电致发光半导体固体材料，它的两个电极在显微镜下才能被看到，在有电流流过时发光。在制作工艺上，除了要对 LED 芯片的两个电极进行焊接，引出正电极、负电极，还要对 LED 芯片和两个电极进行保护，也就是需要对 LED 芯片进行封装。

1. LED 封装结构

LED 是一种将电能转化为光能的固体器件，其核心结构为 PN 结，具有单向导电性。常见的直插式 LED（Lamp LED）的基本结构是一块 LED 芯片被黏合剂固定在反光杯中，通过金线与支架相连，最终由环氧树脂密封。LED 封装的主要作用是保护 LED 芯片和完成电气连接。

图 1-1 所示为直插式 LED 封装的内部结构。LED 芯片被固定在支架上的反光杯的中央，通过金线将 LED 芯片的正极（阳极）引脚与支架的引脚连接。反光杯侧的引脚为负极（阴极）引脚，其顶部用环氧树脂封装。反光杯的作用是将 LED 芯片侧面和界面发出的光反射到期望的方向。环氧树脂的作用主要是保护 LED 芯片、优化光束分布、提高光效。

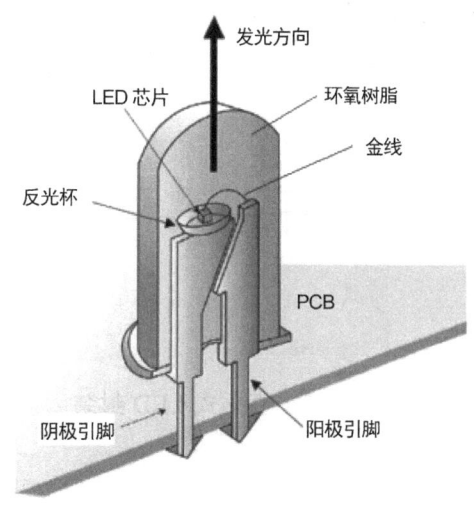

图 1-1　直插式 LED 封装的内部结构

2. LED 封装种类

图 1-2 所示为 LED 封装发展历程。经过几十年的发展，从最早的 LED 封装开始，经

历了直插式 LED 封装、普通功率型 LED（Power LED）封装、大功率型 LED（High Power LED）封装、COB LED（Chip On Board LED）封装、CSP（Chip Scale Package）等。

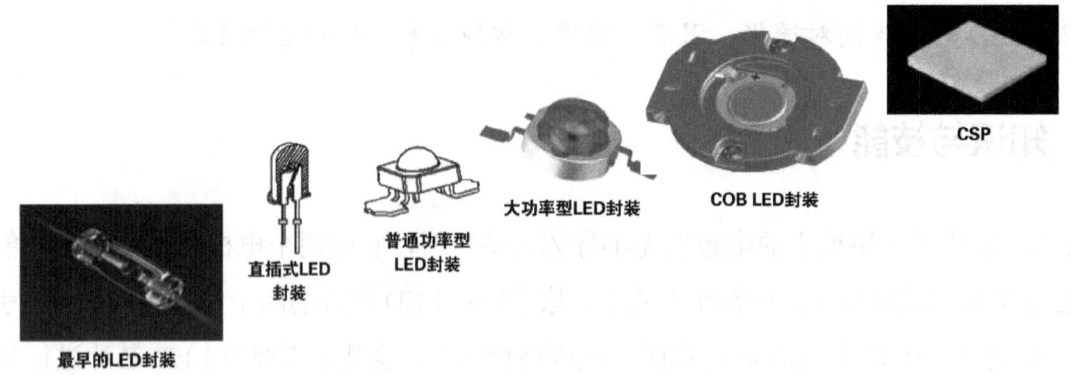

图 1-2　LED 封装发展历程

下面介绍几种常用的封装形式，包括直插式 LED 封装、表面贴片型 LED 封装、普通功率型 LED 封装、大功率型 LED 封装、COB LED 封装。

1）直插式 LED 封装

图 1-3 所示为直插式 LED 封装，又称引脚式封装。典型的直插式 LED 封装能承受 0.1W 的输入功率，其中，90%的功率转化为热能，由负极引脚传递至 PCB（Printed Circuit Board，印制电路板），再发散到周围环境中。直插式 LED 封装的封装材料大多采用的是高温固化环氧树脂。高温固化环氧树脂具有光性能优良、工艺适应性好、产品可靠性高的特性，可制作成有色透明或无色透明和有色散射或无色散射的透镜。不同的透镜形状构成了多种外形及尺寸的 LED，如按直径可分为 Φ2mm、Φ3mm、Φ4.4mm、Φ5mm、Φ7mm 等规格的 LED。如果采用不同组分的环氧树脂，那么 LED 将产生不同的发光效果。

图 1-3　直插式 LED 封装

2）表面贴片型 LED 封装

表面贴片型（Surface Mount Device，SMD）LED 封装属于普通功率型 LED 封装，封装结构如图 1-4 所示。SMD LED 是一种新型的表面贴片式半导体发光器件，贴于 PCB 表面，适合用 SMT（Surface Mounting Technology，表面安装技术）加工，可采用回流焊工艺制作，能很好地解决亮度、视角、平整度、可靠性、一致性等问题。SMD LED 可满足各种 SMD 结构的电子产品的需求，特别是手机、笔记本电脑等。普通 SMD LED 作为低功率器件被广泛应用于仪器仪表、指示设备和手机键盘照明等领域。

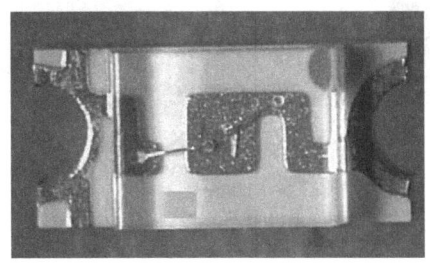

图 1-4 表面贴片型 LED 封装结构

3）普通功率型 LED 封装

普通功率型 LED 封装结构如图 1-5 所示。普通功率型 LED 主要被应用于汽车照明和装饰照明等领域。这种器件既可满足小型化的需求，又具有比普通 SMD LED 散热性能好的特点。最早的普通功率型 LED 封装是于 20 世纪 90 年代初推出的食人鱼 LED 封装。1994 年改进的食人鱼 LED 封装，即 Snap LED 封装被推出，接着 OSRAM 公司推出了 Power Top LED 封装，即顶发光 LED 封装。

食人鱼 LED 封装　　　　Snap LED 封装　　　　Power Top LED 封装

图 1-5 普通功率型 LED 封装结构

4）大功率型 LED 封装

目前 LED 朝着大功率、高光效的方向发展，大功率型 LED 是未来照明灯具的核心部件。大功率型 LED 具有耗散功率大、发热量大、光效较高、寿命长的特点，其封装可分为单芯片和多芯片两种类型。图 1-6 所示为大功率型 LED 封装结构。1998 年，美国 Lumi LEDs 公司首次研制出 Luxeon 系列大功率型单芯片 LED 封装结构。这种功率型的单芯片 LED 封装结构采用了倒装焊接技术，有助于提高透光率、散热性能，加大工作电流密度。

5）COB LED 封装

COB LED 封装通过将多个 LED 芯片黏合在支架上，进行引线键合，来实现电气连接。图 1-7 所示为 COB LED 封装结构。芯片直接暴露在空气中，容易受到污染或人为损坏，影响或破坏芯片功能，因此需要用封装胶水把芯片和金线封起来，以保护器件内部结构。

LED 技术及应用

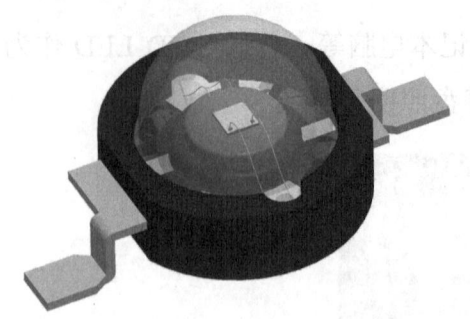

图 1-6 大功率型 LED 封装结构

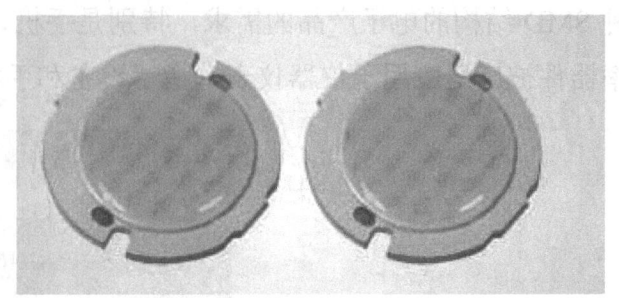

图 1-7 COB LED 封装结构

3. LED 封装车间对环境的要求

1) 环境要求

LED 芯片的尺寸通常只有几十微米，因此 LED 封装工艺对环境有严格的要求，整个工艺流程对净化、温度、湿度、防静电等都有严格指标要求。

（1）净化要求。

在 LED 封装生产过程中，如果灰尘进入器件内部，那么可能会遮挡芯片的发光面，降低工艺可靠性，造成潜在的电路危害，从而直接或间接影响封装产品的质量。LED 生产工艺除了测试、包装，其他工艺的生产操作一般在十万级到百万级的净化车间中进行。在净化车间中不仅要控制灰尘数量，还要做好静电防护规划。对净化有特别要求的生产工艺环节，可以进行局部净化设计，以提高或降低个别区域灰尘防护等级。

在使用净化车间时，操作人员应避免在车间内随意走动，以防产生灰尘和静电。净化车间的防静电地板和墙壁对静电的防护起着重要的作用。同时，操作人员在操作过程中要严格遵守 7S（整理、整顿、清扫、清洁、素养、安全、节约）企业管理规范。

（2）温度、湿度要求。

空气中的水分含量也会影响器件的质量，水分含量过低不仅会引起灰尘含量的增加，而且会加大静电产生和累积的可能性；水分含量过高将使器件存在短路风险。过高和过低的温度也会降低器件的可靠性。因此，封装环境的温度和湿度都要控制在一定范围内：温度为 17～27℃，即室温；相对湿度一般为 30%～75%。

（3）防静电要求。

LED 是在弱电环境下工作的器件，静电对于利用 PN 结原理工作的 LED 来说是致命的。无论材料取用、生产、封装、运输过程中的哪个环节产生过多的静电，都会对 LED 产生影响，要么直接击穿 PN 结，对 LED 直接造成破坏性损伤；要么间接对 LED 造成潜在的电路危害，以致 LED 在后期使用过程中的可靠性降低。因此，LED 的生产要有严格的防静电措施，包括尽量在净化车间内进行工艺操作，保证车间内的地板、墙壁、桌、椅等都有防静电功能，操作人员应戴防静电手套、防静电手环，穿防静电鞋等。

2）防静电措施

在进行各个 LED 封装工艺操作前都要进行静电检测，使用静电手腕带测试仪测试身体所带静电是否超标，使用表面静电测试仪测试衣物表面所带静电是否超标。此外，操作人员在整个生产过程中都要按照以下措施进行静电监控。

（1）操作人员的防静电措施。

操作人员在操作过程中，应该严格遵守防静电操作规程，除自身做好静电防护措施以外，还要注意在接触 LED 前要戴上防静电手套。在用手接触 LED 时，应接触支架外壳，不可接触器件的金属引脚。在接触 LED 前，应先将身体或手接地，以释放身上携带的静电。同时，操作人员在工作时要避免过多的活动，如穿脱衣服、鞋帽，挠头，搓手等活动，以防产生静电。

（2）包装、运送和存放过程中的防静电措施。

LED 必须装在防静电包装盒或包装箱内装运，避免因震动和摩擦而产生静电。在使用前不允许随意拆除 LED 的防静电包装，也不要过早地将 LED 从防静电包装盒中取出。拆除防静电包装盒的动作应在静电保护区内进行，拆除防静电包装盒后，应立即将 LED 放入事先准备好的导电盒中。在运送、传送 LED 时，要尽量减少震动和冲击。

总之，在各个 LED 封装环节中要尽量减少触碰 LED 的次数，限制操作人员不必要的活动。在工作区域使用离子风机等静电消除工具，防止静电累积。

任务实施

LED 封装过程对环境有着严格的要求，包括净化、温度、湿度、防静电等要求。整个工艺过程都是在超净车间内完成的，因此本任务将介绍超净车间对环境、操作人员和操作的规范要求。LED 封装实训室如图 1-8 所示。

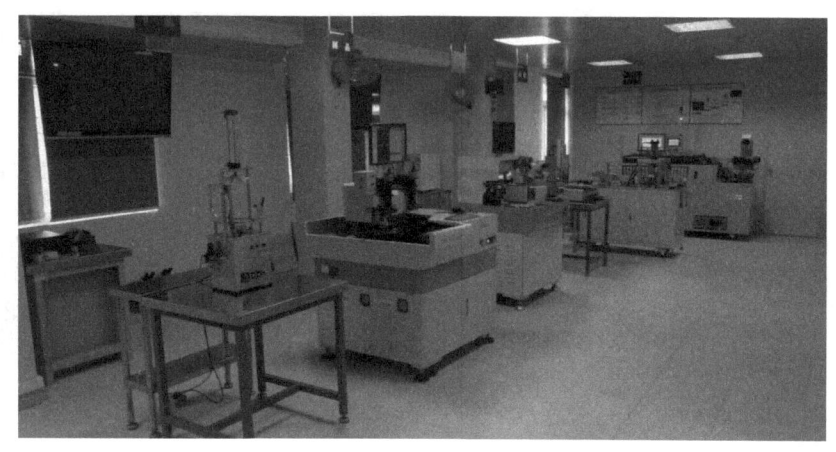

图 1-8　LED 封装实训室

LED 技术及应用

1. 实训器材（见表1-1）

表 1-1 进入 LED 封装实训室需要穿戴的物品

名　　称	功　　能
防静电服	防止静电产生
防静电手套	防止静电产生
离子风机	消除静电
防静电鞋（防静电鞋套）	防止静电产生
口罩	避免操作人员言谈时产生的口水污染材料
防静电手环	消除静电
防静电帽	避免头发、头皮屑掉落污染材料

2. 实训安全与要求

（1）戴上口罩，避免操作人员言谈时产生的口水污染材料。

（2）戴上防静电帽，避免头发、头皮屑掉落污染材料。

（3）减少走动，避免因走动摩擦产生静电，从而损坏 LED。

3. 实训过程

进入超净车间前需要做好防尘、防静电措施，提高 LED 生产的可靠性，具体操作过程如下。

（1）操作人员进入更衣室，穿上防静电服、防静电鞋套，戴上口罩、防静电帽、防静电手套和防静电手环。图 1-9 所示为防静电服。

（2）操作人员进入风淋室，吹干净身上的灰尘。风淋室如图 1-10 所示。

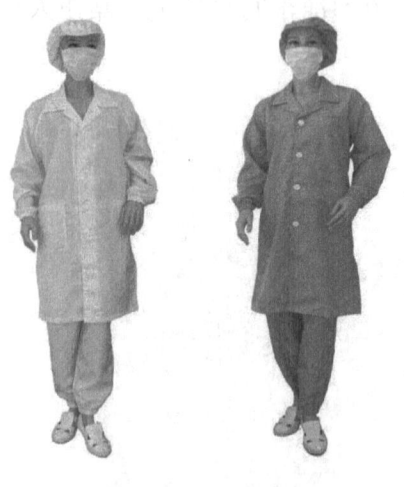

图 1-9　防静电服

图 1-10　风淋室

思考：静电会给 LED 带来哪些常见的破坏？

任务二 LED 封装材料介绍

中国是 LED 封装大国，据统计，全世界 80%的 LED 封装集中在中国。随着国内 LED 行业的迅猛发展，LED 封装材料的性能有了很大提升。LED 封装材料主要有 LED 芯片、LED 支架、金线、封装胶水、黏合剂、荧光粉、清洗剂等。这些封装材料对 LED 的性能和寿命有着重要影响。

任务目标

知识目标

认识 LED 封装材料的种类及特性。

任务内容

LED 封装材料的种类及特性。

知识与技能

LED 芯片、LED 支架、金线、封装胶水、黏合剂、荧光粉、清洗剂等都是 LED 封装的重要材料，缺一不可。

1．LED 芯片

LED 芯片也称 LED 发光芯片，是 LED 的核心组件。它主要是由镓、铟、氮、磷、砷等元素组成的，主要功能是把电能转化为光能。LED 芯片的本质是 PN 结，即 P 型半导体和 N 型半导体。LED 发出的光的波长是由 PN 结的材料决定的。

1）常见的 LED 芯片种类

根据颜色，LED 芯片主要分为红色、绿色、蓝色三种。

根据形状，LED 芯片一般分为方片、圆片两种。

根据尺寸，LED 芯片一般分为小功率型 LED 芯片和大功率型 LED 芯片，小功率型 LED 芯片的规格一般为 8mil×8mil、9mil×9mil、12mil×12mil、14mil×14mil 等，大功率型 LED 芯片的规格一般为 38mil×38mil、40mil×40mil、45mil×45mil 等。

2）LED 芯片的结构

LED 芯片有单电极和双电极之分。

单电极 LED 芯片结构示意图如图 1-11 所示。单电极 LED 芯片结构代码含义如表 1-2 所示。

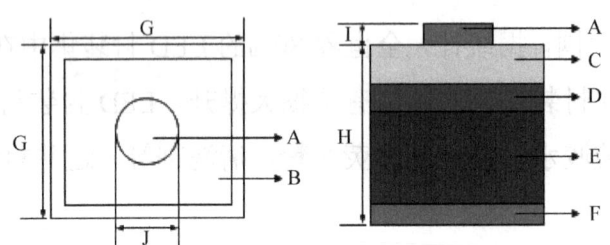

图 1-11　单电极 LED 芯片结构示意图

表 1-2　单电极 LED 芯片结构代码含义

代　码	说　明	代　码	说　明
A	P 型金属层	F	N 型金属层
B	发光层	G	芯片尺寸（长×宽）
C	P 型半导体层	H	芯片高度
D	N 型半导体层	I	电极厚度
E	N 型结晶基板	J	电极直径

双电极 LED 芯片结构示意图如图 1-12 所示。双电极 LED 芯片结构代码含义如表 1-3 所示。

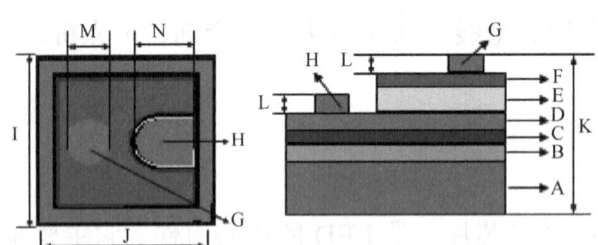

图 1-12　双电极 LED 芯片结构示意图

表 1-3　双电极 LED 芯片结构代码含义

代　码	说　明	代　码	说　明
A	蓝宝石基板	H	N 型金属层
B	低温缓冲层	I	芯片尺寸（宽）
C	N 型半导体层	J	芯片尺寸（长）
D	发光层	K	芯片高度
E	P 型半导体层	L	电极厚度
F	透明导电层	M	P 型电极直径
G	P 型金属层	N	N 型电极直径

3）常见LED芯片简图

图1-13所示为单电极LED芯片实物图。常见的单电极LED芯片有圆电极LED芯片、方电极LED芯片和带角电极LED芯片等。

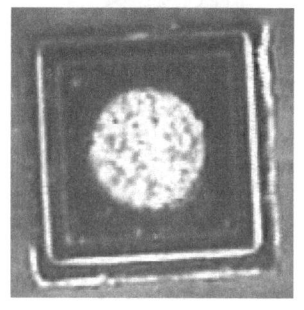 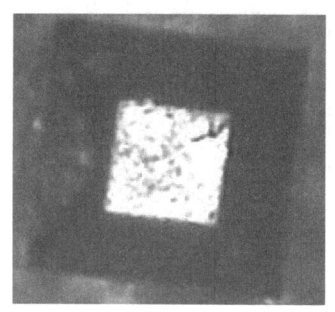 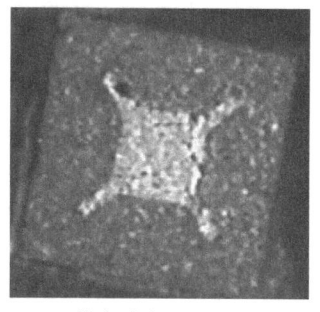

（a）圆电极LED芯片　　　（b）方电极LED芯片　　　（c）带角电极LED芯片

图1-13　单电极LED芯片实物图

常见的双电极LED芯片实物图如图1-14所示。

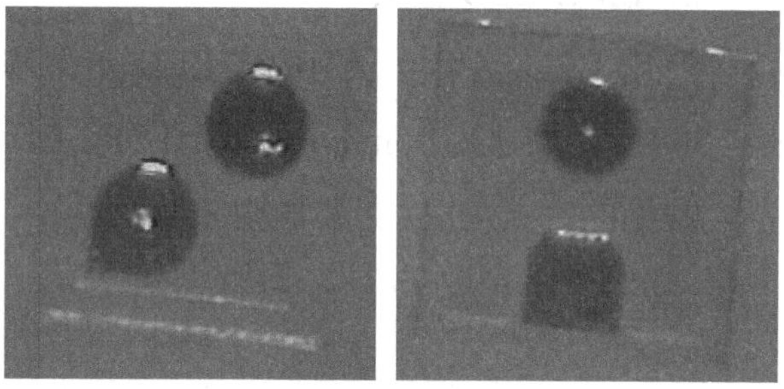

图1-14　常见的双电极LED芯片实物图

2. LED支架

LED支架是LED的主要封装材料之一，与LED芯片、金线相连，负责导电与散热，在LED封装中起着重要作用。

LED支架的类型有Lamp LED支架、SMD LED支架、大功率型LED支架、COB LED支架等。

1）Lamp LED支架

Lamp LED支架可分为聚光型（带碗杯支架）和大角度散光型两种。Lamp LED支架如图1-15所示，Lamp LED支架可分为上部连接筋（上Bar）、下部连接筋（下Bar）、焊线区、功能区、支架碗杯等部分。

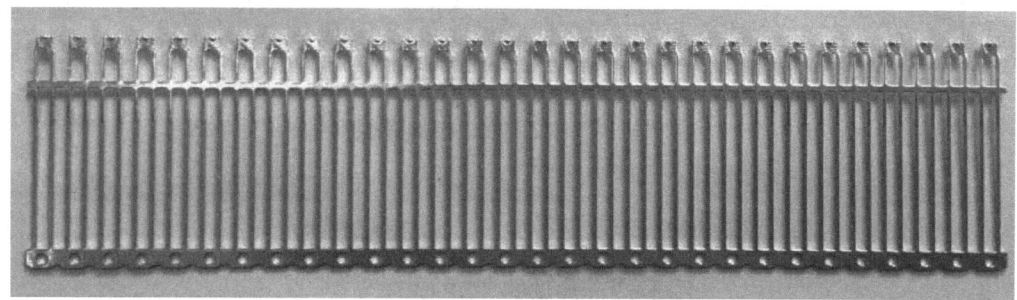

（a）30连体支架

图1-15　Lamp LED支架

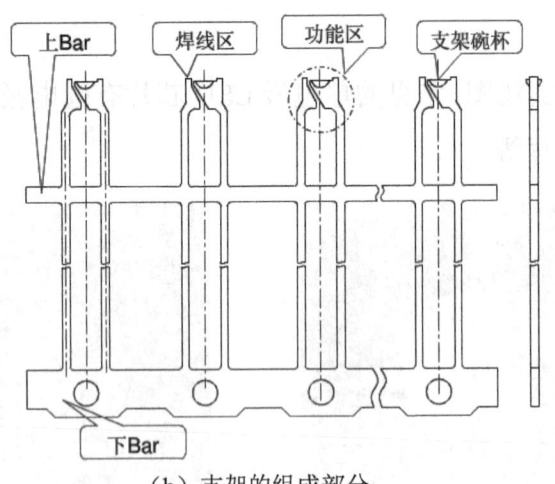 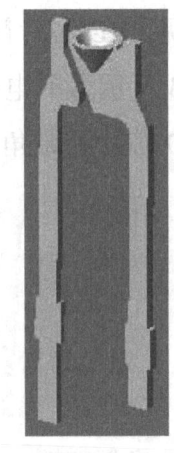

（b）支架的组成部分　　　　　　（c）单个支架

图 1-15　Lamp LED 支架（续）

2）SMD LED 支架

SMD LED 支架可分为片式 LED 支架和 TOP LED 支架。典型的片式 LED 支架的型号是 1608，其尺寸为 16mm×8mm。TOP LED 支架的型号有 3528、3014、5050、5630 等。

常见的片式 LED 支架如图 1-16 所示。

（a）连体片式 LED 支架　　　　　　（b）单个片式 LED 支架

图 1-16　常见的片式 LED 支架

常见的 TOP LED 支架如图 1-17 所示。

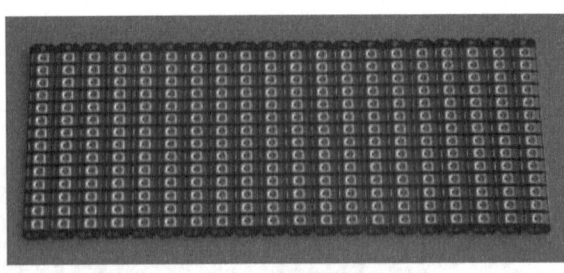 

（a）连体 TOP LED 支架　　　　　　（b）单个 TOP LED 支架

图 1-17　常见的 TOP LED 支架

3）大功率型 LED 支架和 COB LED 支架

大功率型 LED 支架和 COB LED 支架分别如图 1-18 和图 1-19 所示。它们都是功率不低于1W的LED支架，共同的特点是热阻小、导热快。

 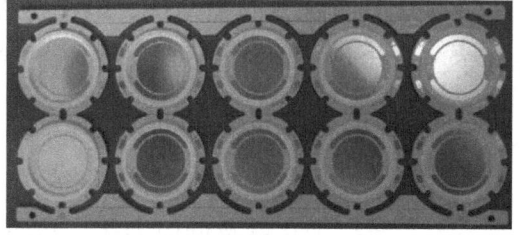

图 1-18 大功率型 LED 支架　　　　　　　图 1-19 COB LED 支架

3. 金线

LED 封装用金线是由纯度 99.99% 以上的金（Au）键合拉丝而成的。目前市面上的金线根据使用范围不同直径范围为 16～50μm。在一般情况下，每卷金线的长度为 500m，市面上也有每卷长度为 1000m 的金线。成卷金线实物图如图 1-20 所示。金线在 LED 封装中用于将 LED 芯片表面电极和 LED 支架连接起来，起导线连接作用。LED 在导通状态下，电流通过金线进入 LED 芯片，实现发光。

图 1-20 成卷金线实物图

铝线也可以作为 LED 芯片表面电极与 LED 支架间的连接线。与铝线相比，金线具有电导率大、耐腐蚀、韧性好等优点。与其他材质的线相比，金线最大的优点是具有抗氧化性，这是金线被广泛应用于 LED 封装的主要原因。

4. 封装胶水

在 LED 封装中，封装胶水主要用于密封 LED 芯片，避免 LED 芯片受到周围环境的湿度与温度影响，保护 LED 芯片正常工作；固定和支持导线，防止电子组件因受到震动、冲击而损坏，造成组件参数变化；减小 LED 芯片与空气间折射率的差距，以增加光输出；有效地将内部产生的热排出；等等。因此，封装胶水要具有优良的密封性、透光性、黏结性、介电性能和机械性能。封装胶水主要有环氧树脂和有机硅两种类型，其中有机硅包括硅胶和硅树脂。

1）环氧树脂

环氧树脂具有优良的黏结性、电绝缘性、密封性和介电性能，且具有成本较低、配方灵活多变、易成型、生产效率高等特点，是 LED 封装的主流材料。

随着 LED 的亮度和功率的不断提高，以及白光 LED 的发展，人们对 LED 的封装材料提出了更高的要求，如高折光指数、高透光率、高导热性、耐紫外老化和热老化能力、低热膨胀系数、低离子含量及低应力等。然而，环氧树脂自身存在易老化、耐热性差、在高温和短波光照下易变色、固化的内应力大等缺点，这会大大缩短 LED 的寿命。

环氧树脂在直插式 LED 封装中的作用主要是在注入模粒后，高温固化成型，从而保护 LED 内部结构，并导出 LED 芯片发出的光，以达到预期的外观与光学效果。图 1-21 所示为环氧树脂（A 胶与 B 胶）实物图，图中蓝色的为 A 胶（主剂），白色的为 B 胶（固化剂）（本书黑白印刷，颜色无法显示）。在 LED 配胶工艺中，将 A 胶和 B 胶按比例混合均匀即可使用。

图 1-21　环氧树脂（A 胶与 B 胶）实物图

2）有机硅

有机硅包括硅胶和硅树脂。与环氧树脂相比，有机硅具有良好的透光性、耐高/低温性、耐候性、绝缘性，以及低吸湿性，是 LED 封装材料的理想选择，逐渐被应用于快速增长的高亮度 LED 市场，如车用内部照明、手机闪存模组、一般照明及新兴的 LED 背光模组等。

图 1-22 所示为硅胶实物图。硅胶主要用作常规照明系列中对散热有较高要求的 LED 封装胶水。硅胶的优点是散热性能好、应力较小、抗紫外线能力强；缺点是密封性不佳、防护能力弱、抗震性差、透氧、透湿，对于户外应用的 LED 需要对灯体结构进行二次防护处理。

图 1-23 所示为硅树脂实物图。硅树脂主要作为高亮度白光 LED 封装胶水。硅树脂的优点是折射率高、透光率高、密封性能优于硅胶、散热能力介于环氧树脂和硅胶之间，同时具有树脂和硅胶的部分特性；缺点是应力较硅胶大，在高温焊接不当时易出现胶裂或分层现象。

项目一　LED 封装技术

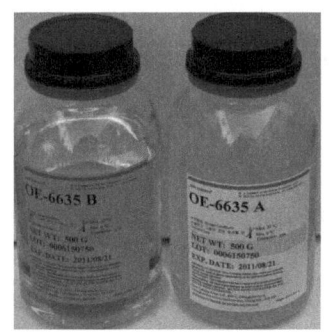

图 1-22　硅胶实物图

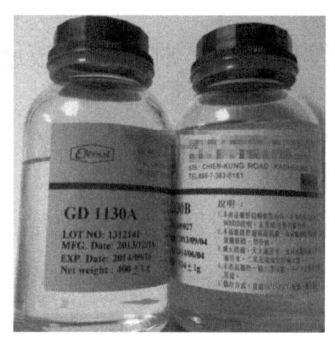

图 1-23　硅树脂实物图

5．黏合剂

LED 封装常用的黏合剂主要有银浆和胶浆两种。

（1）银浆：作为单电极 LED 芯片的黏合剂，在未固化时为灰黑色胶状，起导电、导热、黏合作用，主要成分为银粉 65%～70%、环氧树脂 10%～15%、硬化剂 5%～10%。银浆实物图如图 1-24 所示。

（2）胶浆：作为双电极 LED 芯片的黏合剂，主要起黏合和绝缘作用，在未固化时为白色胶状，固化后的胶体呈透明或半透明态。由于胶浆在固化后是透明胶体，因此可以提高透光率。胶浆实物图如图 1-25 所示。

图 1-24　银浆实物图

图 1-25　胶浆实物图

6．荧光粉

目前，市场上常用的荧光粉主要有 YAG 铝酸盐荧光粉、硅酸盐荧光粉和氮化物荧光粉，它们的特点不同。

（1）YAG 铝酸盐荧光粉。

优点：亮度高，发射峰宽，成本低，应用范围广，黄粉的效果较好。

缺点：激发波段窄，光谱中缺少红光成分，显色指数不高。

（2）硅酸盐荧光粉。

优点：激发波段宽，绿粉和橙粉的效果较好。

LED 技术及应用

缺点：发射峰窄，对温度比较敏感，缺乏好的红粉，不耐高温，不适合制作大功率型 LED。

（3）氮化物荧光粉。

优点：激发波段宽，温度稳定性好，红粉、绿粉的效果较好。

缺点：制造成本较高，发射峰较窄。

7．清洗剂

丙酮在 LED 封装中主要用来清除残留在设备上的封装胶水。由于丙酮在 LED 封装的清洁工作中使用较为频繁，且丙酮具有轻微毒性，因此应该严格按照操作规范进行管理和使用。

应在全面通风的环境中使用丙酮。丙酮在存放时应与氧化剂、还原剂、碱类试剂分开，并注意远离火源、热源，防止静电积聚。

思考：单电极 LED 芯片和双电极 LED 芯片分别使用哪种类型的黏合剂？为什么？

任务三　LED 封装工艺与生产

随着国内 LED 封装企业不断加强研发，国产封装器件技术不断成熟，其性能与进口封装器件性能相当，且价格优势明显，竞争力愈发显现。在国家日益重视生态、环保和可持续发展的大背景下，国内 LED 封装企业将迎来新的机遇。

任务目标

知识目标

1. 理解 LED 封装的主要作用及意义。
2. 掌握 LED 封装的工艺流程。

技能目标

1. 能根据行业技术指标完成 LED 封装的各道工序。
2. 熟悉 LED 封装的安全操作规程。

任务内容

LED 封装的各道工序及技术指标。

知识与技能

LED封装包括点胶、扩晶、固晶、焊线、配胶/灌胶、烘烤、切脚、检测、分选、包装等工序。下面以直插式LED封装为例进行说明。

1. LED封装的作用

通俗地讲，LED封装就是给LED芯片"穿衣服"，其实质是利用固晶机、焊线机、灌胶机、烘烤箱、分光机等设备将LED芯片固定在LED支架上，引出正、负电极，灌封装胶水，以将LED芯片、LED支架、金线、封装胶水等原材料组装成固态元件的过程。LED封装技术大都是在分立器件封装技术的基础上发展而来的，但有很大的特殊性。在一般情况下，分立器件封装的作用主要是保护LED芯片和完成电气连接。LED封装的作用则是完成电信号的输出，保护LED芯片正常工作，输出可见光，既有电参数的设计及技术要求，又有光参数的设计及技术要求。如果封装环节做得不好，那么LED将难以散热，光损失严重，光通量及透光率低，光色不均匀，且寿命会缩短。封装工艺已成为制约LED寿命及性能的关键因素。

LED封装结构及功能示意图如图1-26所示。

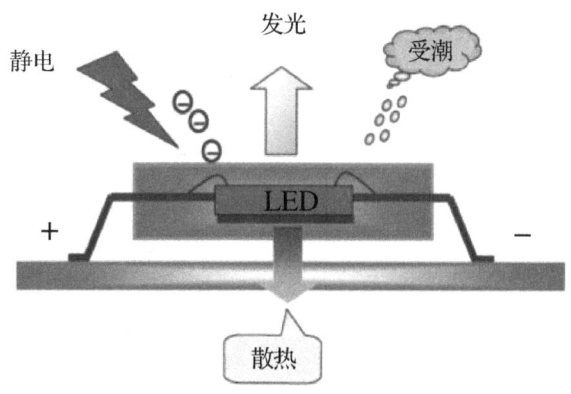

图1-26 LED封装结构及功能示意图

总的来说，LED封装的主要作用如下。

（1）机械保护，提高可靠性。

（2）加强散热，降低LED芯片的结温，提高LED性能。

（3）光学控制，提高透光率，优化光束分布。

（4）供电管理，包括交/直流转变、电源控制等。

2. LED封装的工艺流程

LED封装的任务是将外引线连接到LED芯片的电极上，同时为LED芯片提供保护，

LED 技术及应用

并且提高透光率。直插式 LED 封装的整体流程图如图 1-27 所示。

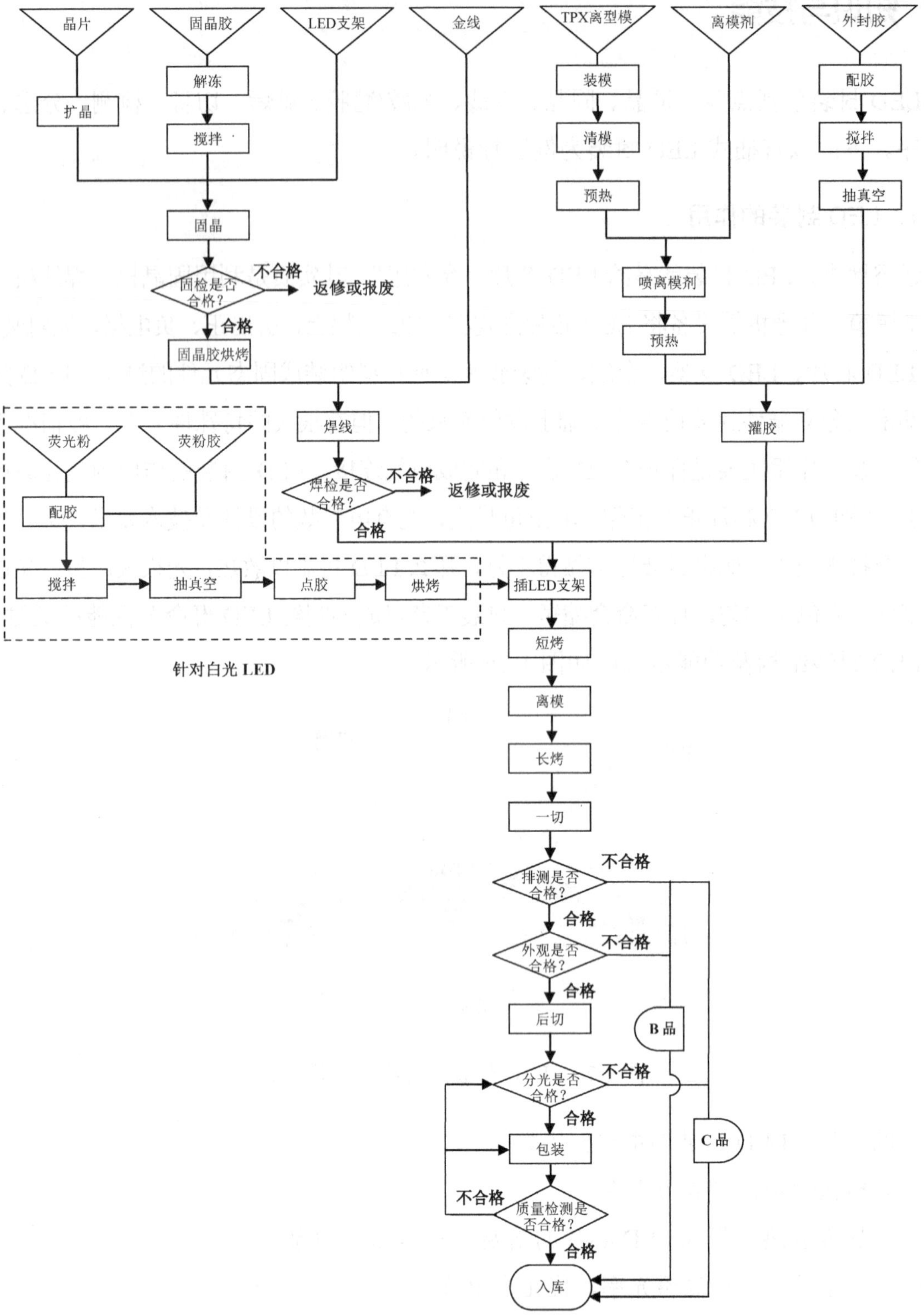

图 1-27 直插式 LED 封装的整体流程图

🔧 任务实施

直插式 LED 封装的工序比较多，每一道工序都有对应的行业技术指标。本任务主要介绍直插式 LED 封装的工艺流程及安全操作规程。

1．实训器材（见表 1-4）

表 1-4　LED 封装材料

名　　称	功　　能
黏合剂	固定 LED 芯片
LED 芯片	发光的核心器件
金线	完成电气连接
LED 支架	导电与散热
环氧树脂	保护 LED 芯片

2．实训安全与要求

（1）严格按照安全操作规程进行操作，并在指导教师的指导下进行实训。

（2）在开机工作前，要对机器进行检查，确认无异常后才可以开机；在空载运转确认无异常情况后，才可以正式进行操作。

（3）在实训中若发现机器异常，应停机进行检查或请专业维护人员进行修理，严禁擅自修理。

（4）完成任务后，应关闭机器，切断电源，并清理工作区域，待指导教师检查无误后方可离开现场。

（5）不得擅自移动电器的线路，不得私自搭线，在发现电路电线有裸露、损坏的情况时，要及时反映，安排专业人员修理。

（6）要按期保养封装设备，并做好设备维护保养记录。

3．实训过程

1）芯片检验

LED 芯片采取镜检方式进行检验，主要检查 LED 芯片表面是否有机械损伤，LED 芯片尺寸及电极大小是否符合工艺要求，电极图案是否完整。

2）扩晶

由于 LED 芯片在划片后依然排列紧密，间距很小（约 0.1mm），不利于后续工序的操作，因此采用扩片机对黏结芯片的膜进行扩张，将 LED 芯片的间距拉伸到约 0.6mm。扩晶效果如图 1-28 所示。

3）点胶

点胶是在 LED 支架的相应位置处点银胶或绝缘胶。点胶效果如图 1-29 所示。单电极 LED 芯片采用银胶来固定，双电极 LED 芯片采用绝缘胶来固定。点胶工艺的难点在于点胶量、胶体高度、点胶位置的控制，要按工艺要求进行操作。银胶和绝缘胶的储存和使用有严格要求，银胶的醒料时间、搅拌时间、使用时间是必须注意的事项。

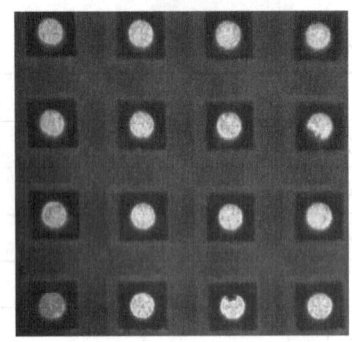 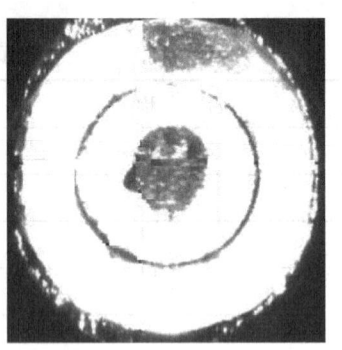

图 1-28 扩晶效果　　　　　　　　图 1-29 点胶效果

4）固晶

固晶分为手工固晶和自动固晶两类，在实际生产中采用的是自动固晶。自动固晶整合了点胶和安装 LED 芯片两大步骤，先在 LED 支架上点银胶（绝缘胶），然后用固晶机的真空吸嘴将 LED 芯片吸起，再将 LED 芯片安置在 LED 支架相应的位置上。固晶效果如图 1-30 所示。自动固晶在工艺上要求操作人员熟悉设备的操作流程，并能操控设备对点胶位置及安装位置进行精准调控。

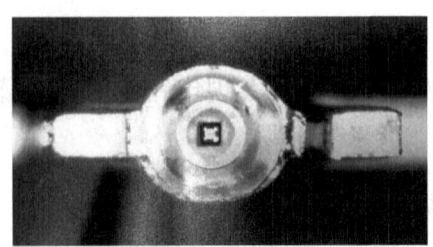 

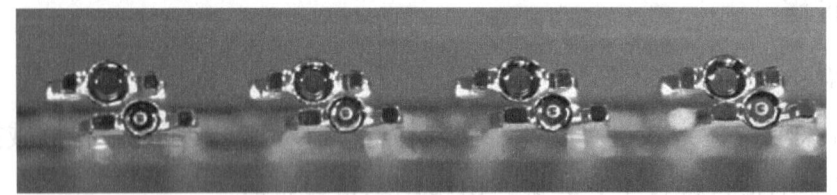

图 1-30 固晶效果

5）烘烤

烘烤的目的是使黏合剂固化。在烘烤时要对烤箱内部的温度进行监控，以防出现不良现象。银胶的烘烤温度一般控制在 150℃，烘烤时间为 2h。根据实际情况可以将烘烤温度调整为170℃，烘烤时间为1h。在一般情况下，绝缘胶的烘烤温度为150℃，烘烤时间为1h。烤箱不得用作其他用途，以防被污染。

6）焊线

LED金丝键合，也称LED焊线，是指通过金线将电极引到LED芯片上，完成电气连接。LED焊线示意图如图1-31所示。焊线是LED封装工艺中的关键环节，在工艺上需要监控的主要指标是压焊出的拱丝形状、焊点形状、拉力。

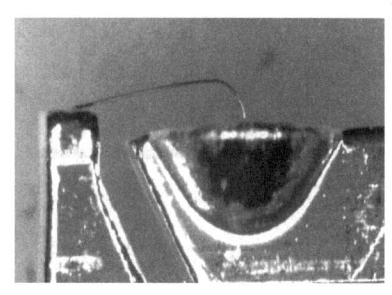
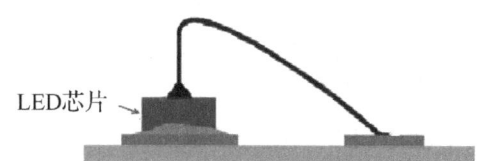

图1-31 LED焊线示意图

焊点是在超声、温度、压力的共同作用下形成的。LED焊线工艺流程可以简单表示为烧球——一焊—拉丝—二焊—断丝烧球，示意图（动作过程从右到左）如图1-32所示。

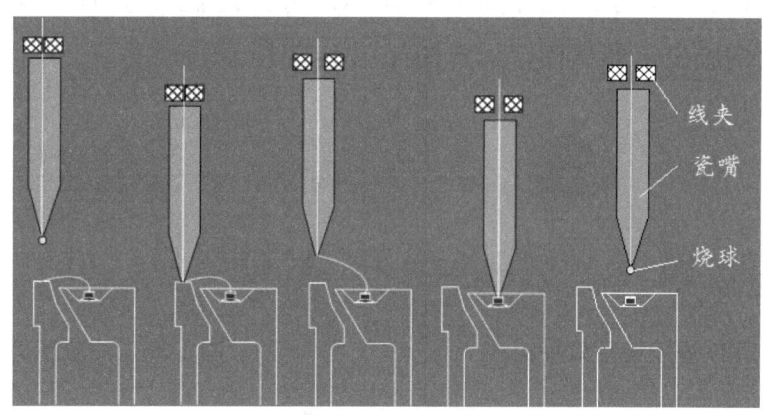

图1-32 LED焊线工作流程示意图（动作过程从右到左）

7）配胶

在封装单色光LED时，不需要配荧光粉，只需要将环氧树脂的A胶（主剂）和B胶（固化剂）按一定比例调配。

在封装白光LED时，需要先将荧光粉和胶水按一定比例调配，组成荧光胶，再进行点荧光胶和烘烤操作。

单色光LED的配胶示意图如图1-33所示。在调配胶水时，需要用电子秤进行称重。在称重时，必须确保电子秤处于水平状态。在完成配胶后，要将封装胶水搅拌均匀，此时应沿顺时针或逆时针方向匀速搅拌10～15min。搅拌均匀后应对封装胶水进行抽真空操作，以使封装胶水脱气泡。在抽真空过程中要时刻注意观察,以防封装胶水溢出。图 1-34 所示为抽真空示意图。

图 1-33　单色光 LED 的配胶示意图

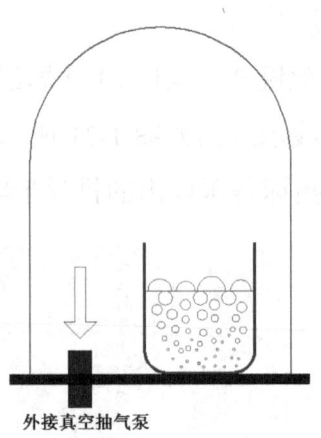

图 1-34　抽真空示意图

8）灌胶

直插式 LED 的封装采用灌胶的形式。LED 灌胶前后效果图如图 1-35 所示。

灌胶的过程：先在 LED 成型模腔内注入液态环氧树脂,示意图如图 1-36 所示；然后插入压焊好的 LED 支架,示意图如图 1-37 所示；再将其放入烤箱,让环氧树脂固化；最后将 LED 从模腔中脱出,即离模,示意图如图 1-38 所示。

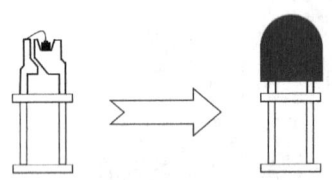

图 1-35　LED 灌胶前后效果图

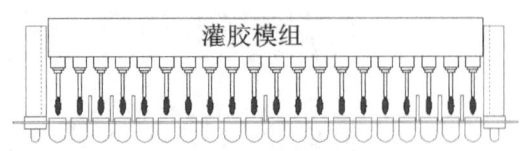

图 1-36　注胶示意图

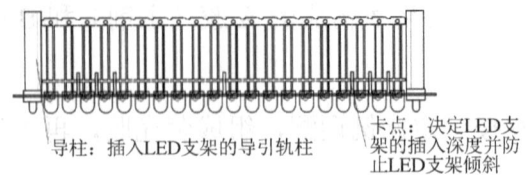

图 1-37　插入 LED 支架示意图

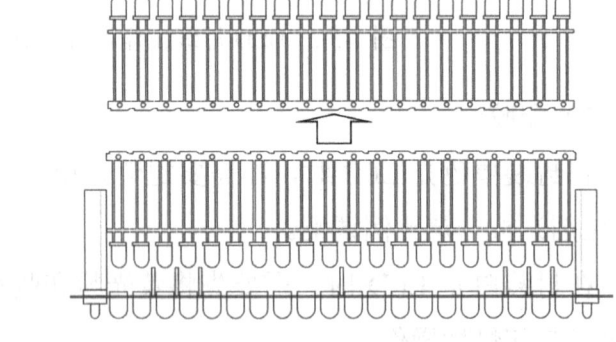

图 1-38　离模示意图

9）固化与二次固化

固化是指环氧树脂的固化。在一般情况下,环氧树脂的固化温度为 135℃,烘烤时间为 1h。直插式 LED 固化 1h 后，进行离模，再进行二次固化。二次固化是为了让环氧树脂充分固化，同时对 LED 进行热老化处理。二次固化对于提高环氧树脂与 LED 支架的黏结强度非常重要。在一般情况下，环氧树脂二次固化的温度为 120℃，烘烤时间为 6h。

10）切筋和划片

LED 是连排生产的，不是单个生产的。直插式 LED 采用切筋的方式切断 LED 支架的连筋，其顺序是一切（半切）—排测—二切（全切）。图 1-39、图 1-40 和图 1-41 分别所示为一切示意图、排测示意图和二切示意图。

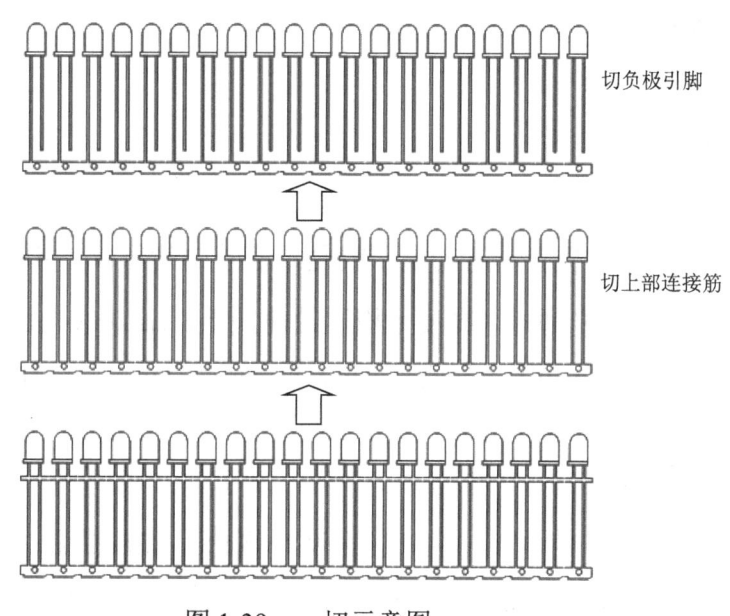

图 1-39　一切示意图

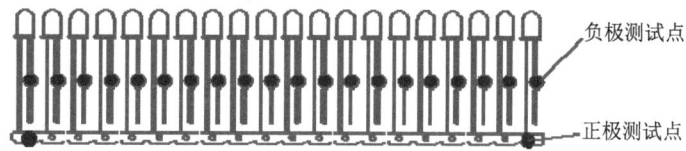

图 1-40　排测示意图

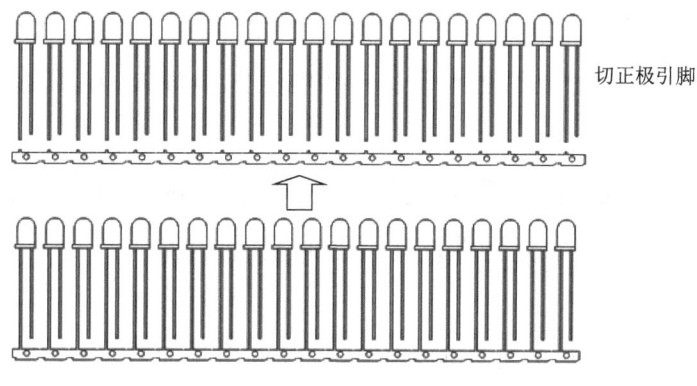

图 1-41　二切示意图

11）测试

测试 LED 的光电参数，检验 LED 外形尺寸，同时根据客户要求对 LED 产品进行测试分档。

12）包装

对成品进行包装。超高亮 LED 需要采用防静电包装。

思考：在 LED 焊线工序中为什么要使用金线进行电气连接？

 知识链接

1. 电参数

1）正向电压

LED 的本质就是二极管，它的电压就是二极管的管压降，用 U_f 表示，单位为 V。为了得到更高的光效，在光通量（亮度）相同的前提下，LED 的电压越低越好。在一般情况下，白光 LED、纯绿色光 LED、蓝色光 LED 的电压为 3V 左右，红色光 LED、黄色光 LED 的电压为 2V 左右。

2）电流

电流是指流过 LED 的电流。注意区分两个概念：LED 的最大驱动电流和实际驱动电流。在实际应用中，LED 的实际驱动电流不允许超过最大驱动电流，否则可能损坏 LED，或者导致 LED 亮度快速衰减。LED 属于电流型器件，电流越大，光通量越高（亮度越大）；电流越小，光通量越低（亮度越小）。但提高电流会导致功率上升，发热量增加，光效降低，从而影响 LED 的寿命。

2. 光学参数

1）光通量

光通量 Φ 是指 LED 在单位时间内发出并被人眼感知的能量之和，单位是流明（lm）。光通量与半导体材料、封装工艺水平及外加电流大小有关。电流越大，LED 的光通量越大。

2）发光强度

发光强度（简称光强）I 是指 LED 在给定方向上的单位立体角内的光通量，单位是坎德拉（cd）。光强是表征发光器件发光强弱的重要指标。

3）照度

照度 E 是指单位面积的被照明物体表面接收的光通量，单位是勒克斯（lx）。

勒克斯的定义：1lx 相当于 1lm 的光通量均匀地照射在 $1m^2$ 面积上产生的照度。

4）亮度

光源或被照物体表面的亮度 L 是指单位面积的被照物体表面在某一方向上的光强密度，也可以说是人眼感觉此光源或被照面的亮暗程度，单位是坎德拉每平方米（cd/m²）。

坎德拉每平方米的定义：光束元在指定方向上的光强与光束元垂直于指定方向上的面积之比。

5）光效

光效是指在消耗单位功率条件下输出的光通量。光效可以分为光源光效和整灯光效，单位是流明每瓦（lm/W）。光源光效是指单个光源在消耗单位功率条件下输出的光通量。整灯光效是指整个灯具在消耗单位功率条件下输出的光通量。

$$光源光效 = \frac{光源光通量}{光源功率} = \frac{光源光通量}{光源电压 \times 光源电流}$$

6）半强度角

半强度角 $\frac{\theta}{2}$，也叫半值角，是指 LED 光强为 I 的方向与周围光强为 $\frac{I}{2}$ 的方向之间的夹角。半强度角的 2 倍为视角 θ（又称半功率角）。图 1-42 所示为半强度角示意图。

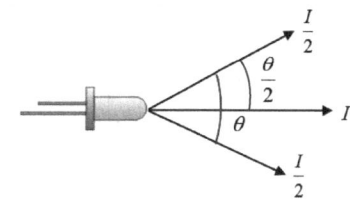

图 1-42　半强度角示意图

7）光谱半波宽

光谱半波宽 $\Delta\lambda$ 的定义为在光谱能量分布曲线上，两个光强为 $\frac{I}{2}$ 处对应的波长差，即 $\Delta\lambda = \lambda_2 - \lambda_1$。$\Delta\lambda$ 越小，光谱纯度越高，光源的单色性越好。图 1-43 所示为光谱半波宽示意图。

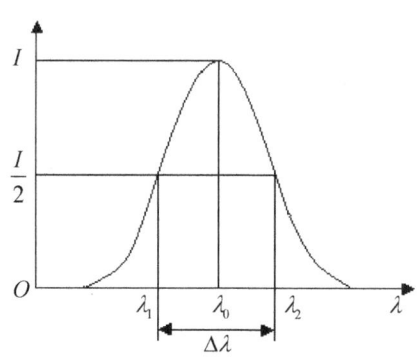

图 1-43　光谱半波宽示意图

LED 技术及应用

考核

任务考核内容		标准分值	自我评分分值×50%	教师评分分值×50%
专业知识与技能	任务计划阶段			
	实训任务要求	10		
	任务执行阶段			
	LED 的封装种类	10		
	LED 封装材料及其特性	10		
	LED 封装的作用	10		
	LED 封装的工艺流程	10		
	任务完成阶段			
	超净车间的防静电、防尘规范	10		
	LED 封装	15		
	LED 切筋和包装	15		
职业素养	规范操作（安全、文明）	5		
	学习态度	5		
	合作精神及组织协调能力	5		
	交流总结	5		
合计		100		

学生心得体会与收获：

教师总体评价与建议：

教师签名： 日期：

思考与习题

1. 填空题

（1）LED 封装的主要作用是_____和_____。

（2）LED 封装常用的黏合剂主要有_____和_____两种。

（3）LED 的封装对工艺环境有严格要求，整个工艺流程对_____、_____、_____等方面都有严格的指标要求。

2. 简答题

（1）请列举常见的 LED 封装种类。

（2）LED 封装工艺对环境有哪些要求？

（3）LED 封装的工艺流程主要有哪些？

项目二

LED 性能测试

项目二　LED 性能测试

 项目目标

1. 熟悉 LED 光色电综合测试系统、LED 光强分布测试系统和 LED 电性能测试系统。
2. 理解 LED 的光、色、电参数，包括光通量、色温、显色指数、色品坐标、光效、光谱图，以及 LED 的配光曲线和电压光强曲线。
3. 了解 LED 老化的物理意义。

思政目标

1. 提升学生职业素养，逐步养成规范操作的习惯。
2. 培养学生使用透过现象看本质、理论与实验反复论证的科学方法。
3. 培养学生的节能环保意识，深刻领悟绿色低碳的意义。

随着《2030 年前碳达峰行动方案》的出台，国家对碳达峰、碳中和工作高度重视，制定了一系列措施，以确保如期实现 2030 年前碳达峰目标。LED 作为 21 世纪"绿色照明"光源，已经被广泛用作指示灯、信号灯、仪表显示、手机背光源、车载光源等，同时在照明领域的应用越来越广泛。不同的应用领域对 LED 的性能有不同要求，LED 的性能主要有电特性、光特性、颜色特性、热学特性、可靠性等。

任务一　LED 光色电综合测试系统

LED 光色电综合测试系统是行业内常见的检测设备，被广泛用于测试 LED 的光、色、电参数。通过 LED 光色电综合测试系统能直观了解 LED 的主要技术指标。本任务结合相关案例进行分析，引导学生重视基础知识和基本技能学习，为应用光电技术打下良好的基础。

任务目标

知识目标

1. 了解 LED 光色电综合测试系统的功能、组成与基本原理。

LED 技术及应用

2. 掌握 LED 光色电综合测试系统的操作规范。

3. 理解 LED 光、色、电参数，包括光通量、色温、显色指数、色品坐标、光效、光谱图等。

技能目标

1. 能对积分球进行定标操作。
2. 能熟练操作和维护 LED 光色电综合测试系统。
3. 能对测试的参数进行数据处理和简要分析。

任务内容

1. 对 LED 光色电综合测试系统进行定标。
2. 使用 LED 光色电综合测试系统测试 LED 的光、色、电参数。

知识与技能

在制造完成 LED 后，需要对其相关参数进行测试，分析其性能。本任务将介绍 LED 光色电综合测试系统的功能、组成与基本原理，使学生掌握 LED 的光、色、电参数测试方法，以及对测得的数据进行简要分析的方法。

1. LED 光色电综合测试系统的功能

LED 光色电综合测试系统是一套能对 LED 光通量、光强、色温、显色指数、峰值波长、主波长、压降、光效等参数进行测量的检测设备。

LED 光色电综合测试系统具有如下功能。

（1）系统可测量 LED 的电参数，如反向电流、正向压降、最大反向电压、最大正向电流等。

（2）系统可测量 LED 的色参数，如主波长、色品坐标、色温、显色指数、色纯度等。

（3）系统可测量 LED 的光参数，如峰值波长、光强、光通量、半强度角等。

（4）系统可测试的可见光波长范围为 380～780nm。

（5）系统可测量单个小功率型 LED 和单个 1W 大功率型 LED 的光、色、电参数，并得到相对光谱功率分布曲线。

（6）系统的参数测量设定和控制均在软件控制界面完成，软件自带数据库，能自动生成数据报表和统计报表。

（7）系统具备波长校正及定标功能，可减少误差，保证测试准确性。

（8）系统具有光参数、主波长、色品坐标、色温和显色指数分档功能，可与各种分光分色机配套使用。

2．LED 光色电综合测试系统的组成与基本原理

1）LED 光色电综合测试系统的组成

LED 光色电综合测试系统如图 2-1 所示。LED 光色电综合测试系统主要由积分球、LED 光色电综合测试主机和计算机测试软件组成。

（1）积分球。

积分球又称光通球，其基本结构是由铝或塑料等材质制作而成的一个中空的完整球壳，是一个光收集器。实际应用中的积分球上有多个孔，这些孔用作导光孔、光电探测器/光源安装孔等。

积分球的工作过程：将 LED 通过其中一个孔放置在球体内部，LED 被点亮后发出的光线在球内部经均匀的反射及漫反射后被光电探测器接收。光电探测器必须位于挡光板后面，以免 LED 发出的直射光对其产生干扰，导致测量结果不准确。数据采集器将采集到的光信息传输到 LED 光色电综合测试主机上进行分析处理。

积分球内部结构如图 2-2 所示。积分球主要由遮光板、LED 电源接口、LED 夹具和导光孔等部分组成。

图 2-1　LED 光色电综合测试系统　　　　图 2-2　积分球内部结构

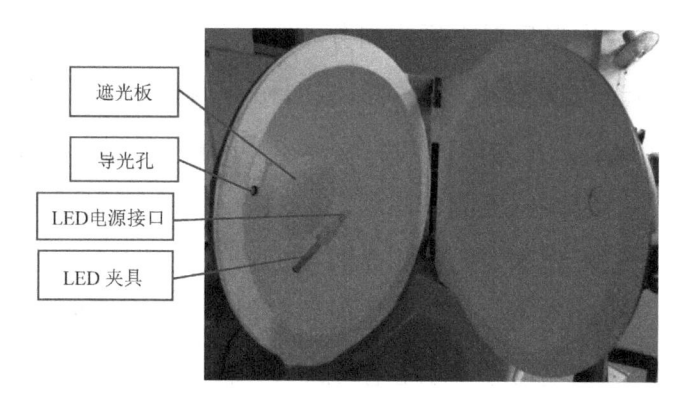

① 遮光板：防止 LED 发出的光直接照射到光电探测器上，对光电探测器的测试数据产生影响。

② LED 电源接口：为待测 LED 供电。图 2-2 中的 LED 电源接口是直插式 LED 的电源标准接口。

③ LED 夹具：用于将 LED 固定在积分球内适当位置（球心或侧壁）。图 2-2 中的 LED 夹具是用来将 LED 固定在球心位置的。

④ 导光孔：此位置连接了光纤，以把积分球内部对应球壁窗口的光传导到参数测试

LED 技术及应用

系统主机进行处理。

（2）LED 光色电综合测试主机。

LED 光色电综合测试主机的功能是，对积分球传递过来的光信号进行分析处理，并为积分球内的 LED 供电等。

LED 光色电综合测试主机结构如图 2-3 所示。图 2-3（a）所示为主机的正面，图 2-3（b）所示为主机的背面。

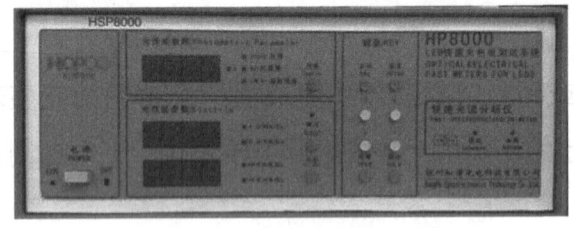

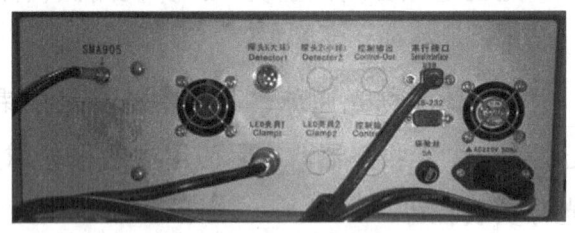

（a）主机的正面　　（b）主机的背面

图 2-3　LED 光色电综合测试主机结构

2）LED 光色电综合测试系统的基本原理

（1）光通量测试原理。

在积分球内壁均匀喷涂多层中性漫反射材料，如氧化镁、硫酸钡、聚四氟乙烯等，使积分球内壁各点漫反射均匀。将被测光源置于积分球内，光源发出的光线在积分球内部经过多次漫反射之后均匀分布在球体内表面。此时在积分球内部取一个单位面积（挡光板后的光电探测器的有效探测面积），将该单位面积上的光通量乘以整个球体内表面的面积（$4\pi R^2$，R 为球体内半径），即可得到被测光源的总光通量。

（2）色度测试原理。

积分球内的被测光源发出的光经光纤后被汇聚在单色仪的入射狭缝上，经单色仪分光后的单色光由单色仪出射狭缝射出，并由 CCD（Charge Coupled Device，电荷耦合器件）转换成电信号，再经电路放大并被 A/D 转换器转换成数字信号后送至微控制器。微控制器将数字信号经 USB 接口送至计算机，计算机上的测试软件经计算得出各种色度参数。色度测试原理框图如图 2-4 所示。

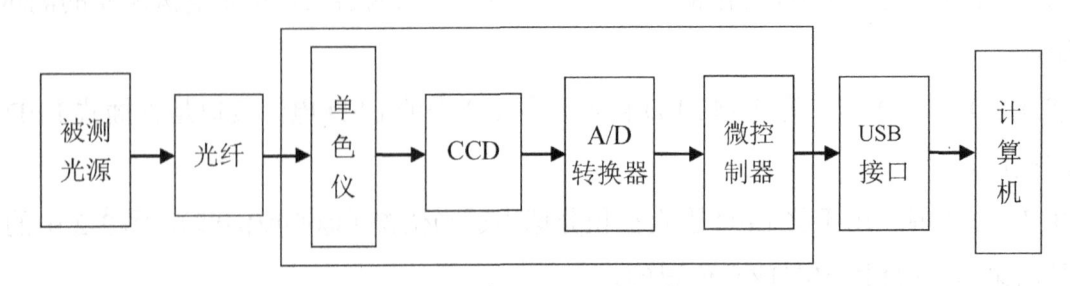

被测光源 → 光纤 → 单色仪 → CCD → A/D 转换器 → 微控制器 → USB 接口 → 计算机

图 2-4　色度测试原理框图

任务实施

本任务主要包括两部分：一部分是使用标准灯对 LED 光色电综合测试系统进行定标，包括光谱定标和光通量定标，定标结果如图 2-5 所示；另一部分是对直插式 LED 的光、色、电参数进行测试，含单色光 LED 和白光 LED，参数测试结果如图 2-6 所示。

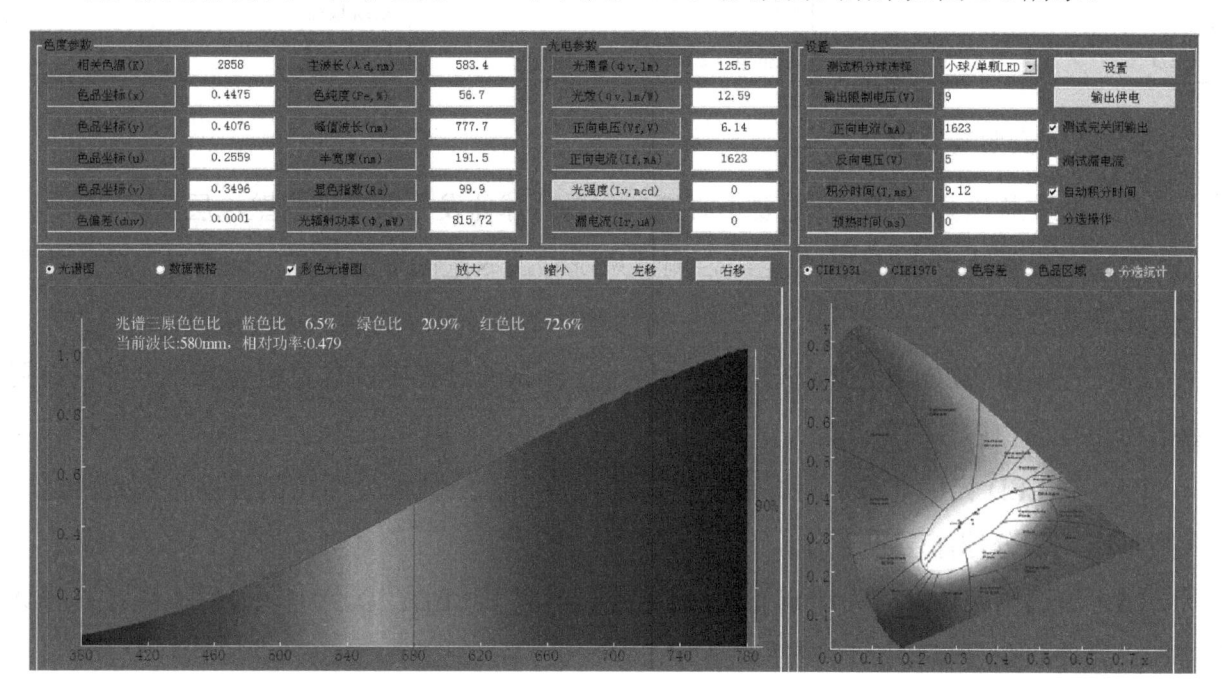

图 2-5 定标结果

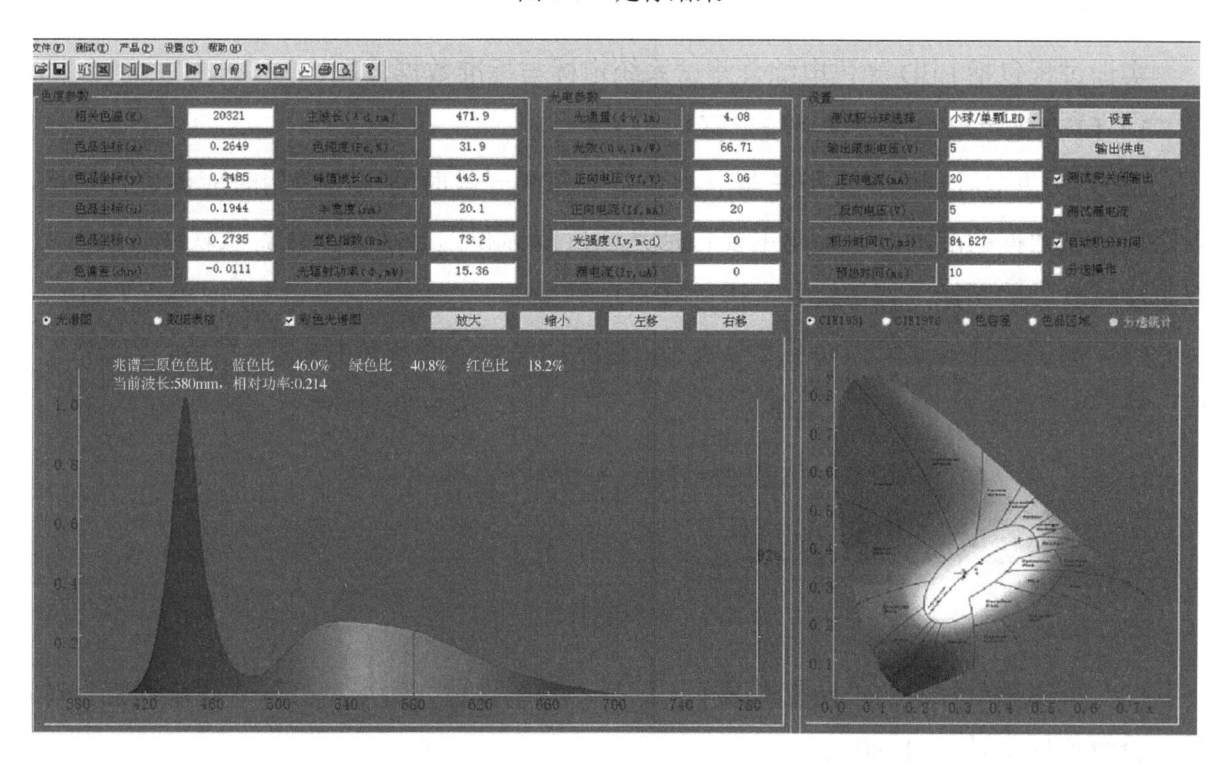

图 2-6 参数测试结果

LED 技术及应用

1．实训器材（见表 2-1）

表 2-1　LED 光、色、电参数测试设备及材料

名　　称	种　　类	功　　能
LED 光色电综合测试系统	—	测试 LED 的光、色、电参数
标准灯	—	系统校准
LED	直插式 LED	被测光源

2．实训安全与要求

（1）在安装积分球时，一定要小心搬运，以防球体发生形变或内壁涂层受损。

（2）在日常使用 LED 光色电综合测试系统时，尽量保持积分球内部清洁，防止涂层污损和受潮腐蚀。

（3）在使用 LED 光色电综合测试系统进行测试的过程中，尽量避免在积分球内放置遮挡物和有色物体（白色除外）。

（4）在 LED 光色电综合测试系统使用过程中，应控制积分球内的温度不超过 40℃，否则将影响积分球涂层的寿命。

（5）测试结束后，应先切断 LED 的电源，再取下 LED，以免电源开路电压过高损坏仪器。另外，在安装 LED 时应注意区分正、负极。

3．实训过程

实训过程包括 LED 光色电综合测试系统定标与标准数据读取。

1）LED 光色电综合测试系统定标

LED 光色电综合测试系统在第一次使用或每隔一段时间再次使用时应该进行定标，以保证测试数据的准确度。定标主要包括光通量定标和光谱定标，在测试软件安装好后，双击测试软件的图标，打开软件，进行如下定标操作。

（1）测试软件的菜单栏如图 2-7 所示，包括"文件"菜单、"测试"菜单、"产品"菜单、"设置"菜单和"帮助"菜单。

图 2-7　测试软件的菜单栏

（2）单击菜单栏中的"设置"菜单，选择"系统设置"命令，打开"系统设置"对话框，设置仪器型号为 HP8000。"系统设置"对话框如图 2-8 所示。

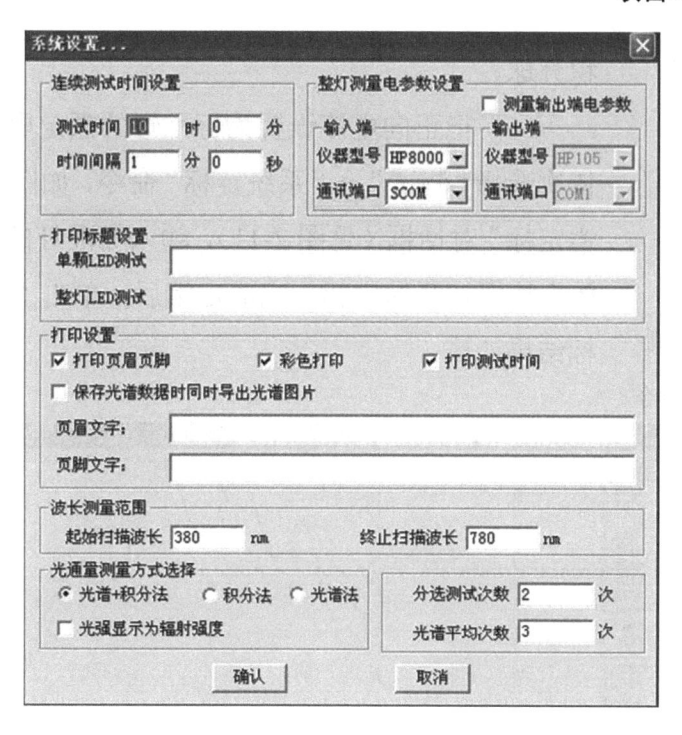

图 2-8 "系统设置"对话框

（3）打开积分球，把标准灯安装到积分球中。

（4）在定标前需要给标准灯通电预热约 20min。在提供电流时不能立刻输出标准灯的额定电流（1623mA），而是需要慢慢将电流调到额定电流，以防因电流瞬间过大而损坏标准灯和影响标准灯参数的准确性。电流一般调到额定电流的 80%，千万不能超过标准灯额定电流的 5%，否则可能损坏标准灯或使标准灯参数不准确。此外，输入的输出限制电压应比额定电压大 1~2V。标准灯参数如图 2-9 所示。

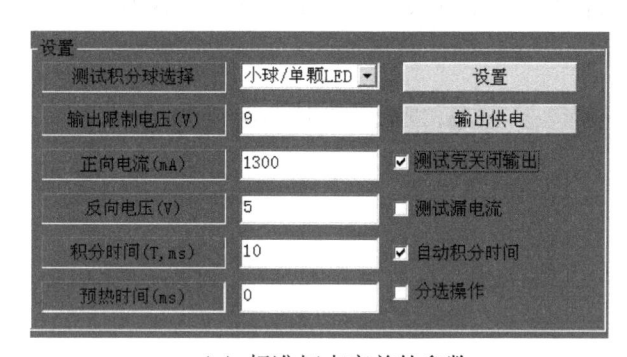

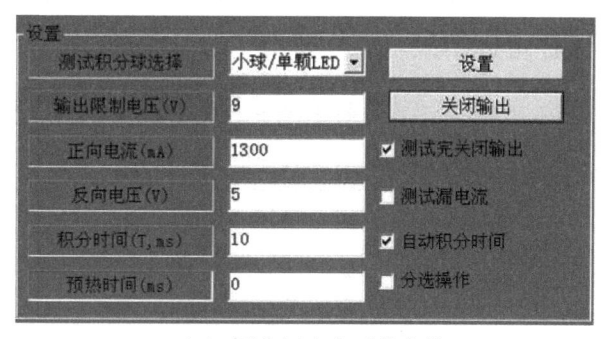

（a）标准灯点亮前的参数　　　　　（b）标准灯点亮后的参数

图 2-9　标准灯参数

单击"设置"面板中的"输出供电"按钮，点亮标准灯。

需要注意的是，标准灯的参数：额定电流为 1623mA，额定电压为 8V，光通量为 125.5lm，色温为 2856K。

（5）预热结束后，切断标准灯电源，即单击图 2-9（b）中的"关闭输出"按钮，关闭

LED 技术及应用

积分球。

(6) 把正向电流设置为标准灯的额定电流, 即 1623mA, 并依次选择"测试"→"系统定标"命令, 如图 2-10 所示, 打开"光谱定标"对话框 (见图 2-11), 输入标准灯的相关参数, 单击"开始"按钮, 开始定标。完成定标后, 单击"保存"按钮, 保存定标结果。

图 2-10　依次选择"测试"→"系统定标"命令

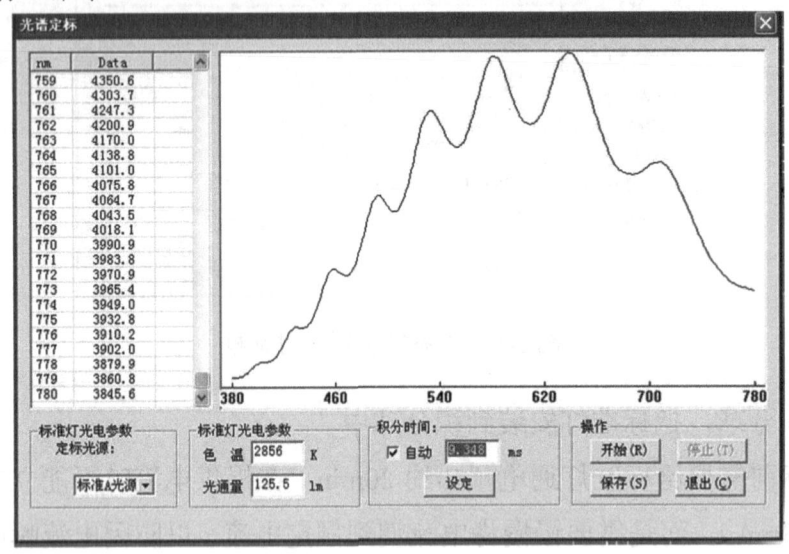

图 2-11　"光谱定标"对话框

(7) 依次选择"测试"→"光通量定标"命令, 打开"光通量定标"对话框 (见图 2-12), 输入标准灯的相关参数, 单击"开始"按钮, 开始定标。完成定标后, 单击"保存"按钮保存定标结果。

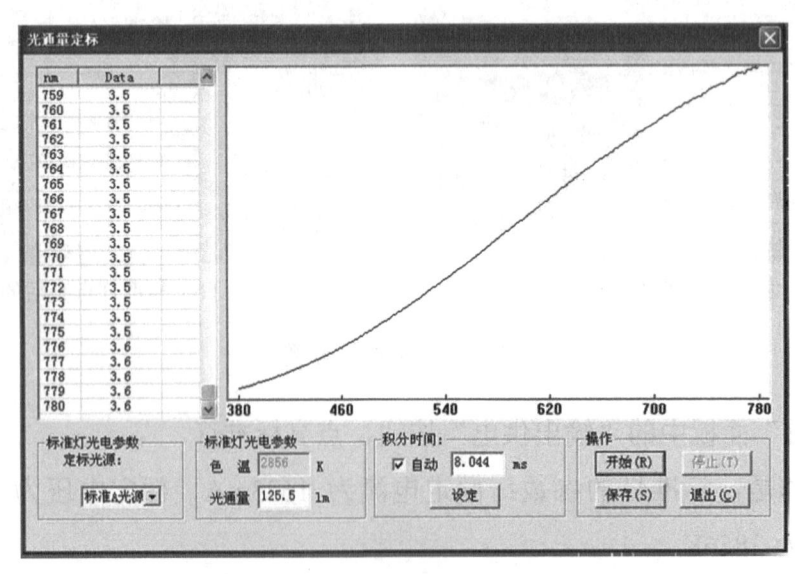

图 2-12　"光通量定标"对话框

（8）定标结束后，得到标准灯的光、色、电测试参数，如图2-13所示，对比测试参数与实际参数是否一致，若一致，则定标完成；否则，重新定标。

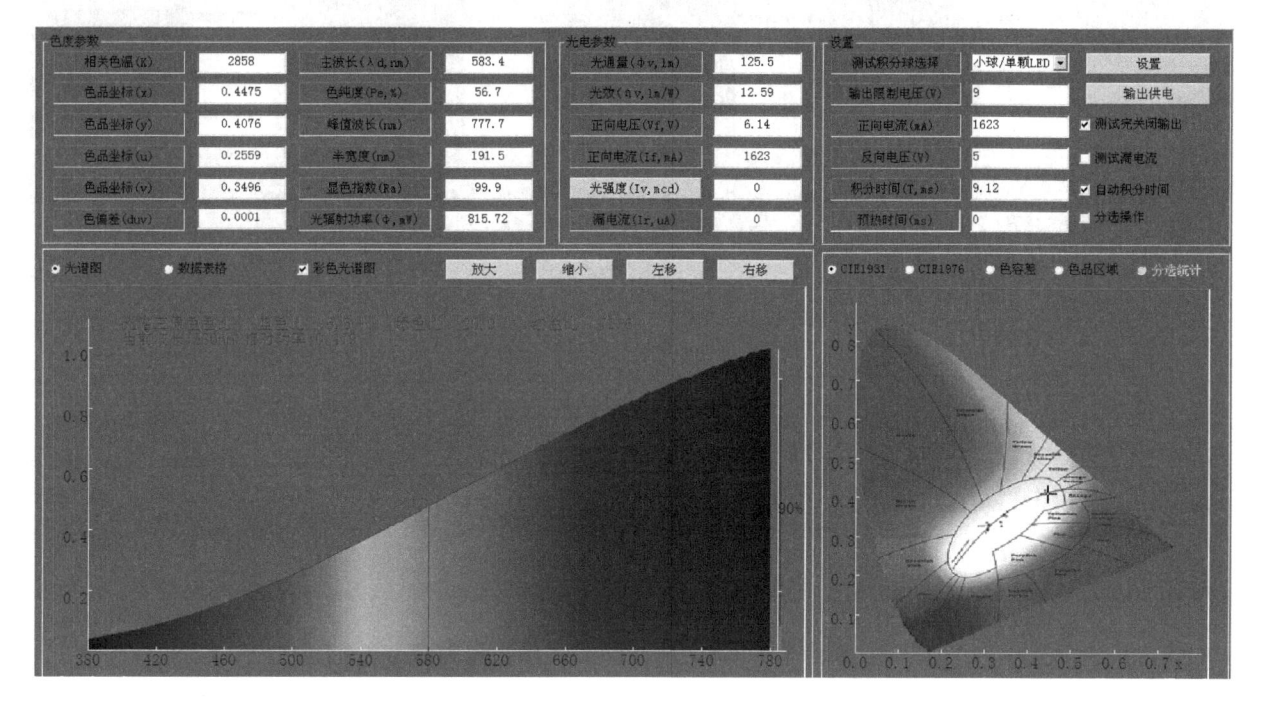

图2-13 标准灯的光、色、电测试参数

（9）把标准灯的驱动电源电流慢慢地调至零，然后关掉电源，结束定标。

2）LED光色电综合测试系统标准数据读取

（1）把LED样品插到积分球的夹具中。

（2）设置LED样品的额定电流为20mA，并单击"设置"按钮把数据送入LED光色电综合测试主机。LED样品的参数如图2-14所示。

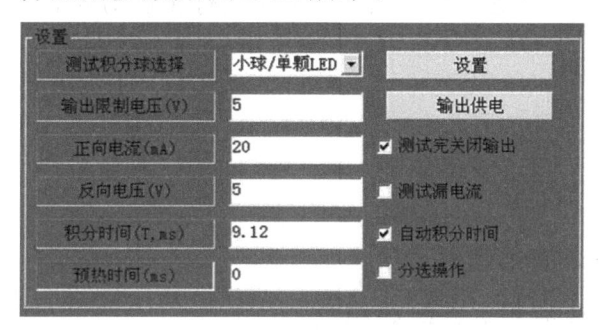

图2-14 LED样品的参数

（3）单击"测试"按钮，得出LED样品的光、色、电参数，如图2-15所示。

LED 技术及应用

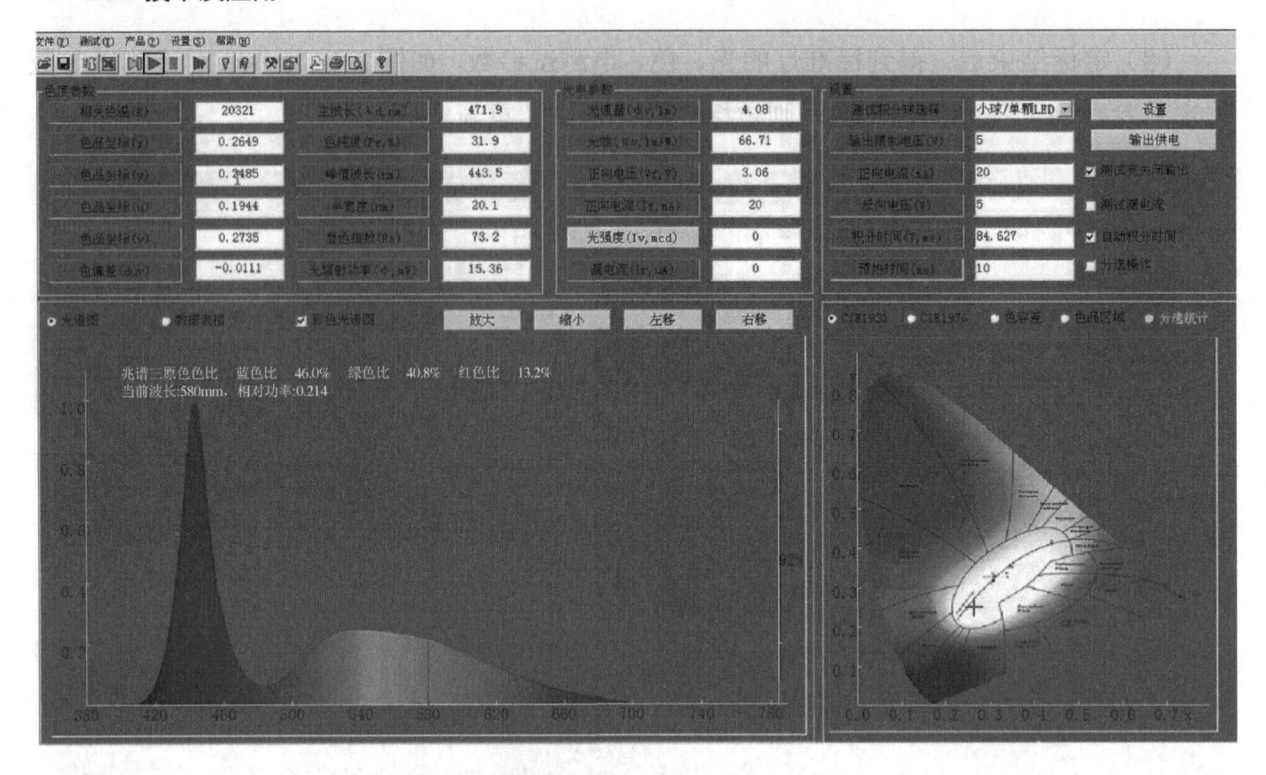

图 2-15 LED 样品的光、色、电参数

思考：LED 光的光谱与太阳光的光谱有哪些区别？

任务二 LED 光强分布测试系统

LED 性能的判断依据除了光、色、电参数，还包括 LED 配光曲线、LED 电压光强曲线和 LED 光电参数等。根据这些数据能对 LED 进行全面分析，从而判断其性能。

任务目标

知识目标

1. 了解 LED 光强分布测试的原理。
2. 了解 LED 光强分布测试系统的组成。

技能目标

1. 能操作和维护 LED 光强分布测试系统。
2. 能对测试参数进行数据处理和简要分析。

项目二　LED 性能测试

任务内容

测试 LED 的配光曲线、电压光强曲线及光电参数。

知识与技能

LED 光强分布测试系统主要用来测试 LED 配光曲线、LED 电压光强曲线和 LED 光电参数。

1．LED 光强分布测试的原理

光强是针对点光源而言的，适用于与照射距离相比发光体较小的场合。光强表示的是发光体在空间发射的汇聚能力，可以说光强描述的是光源到底有多亮。

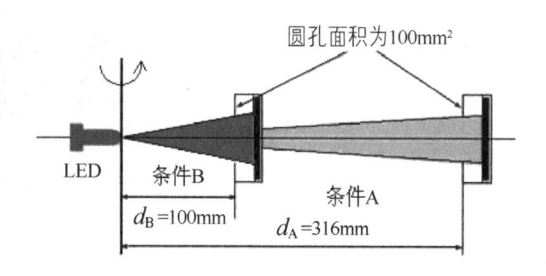

LED 光强分布测试原理图如图 2-16 所示。在 LED 光强分布测试系统中，测量是通过转动 LED 的垂直转轴并且使探头保持不动来实现的。垂直转轴通过 LED 的光学中心，相当于探头绕着 LED 在到 LED 有一定距离的球面上做圆周运动。

根据光度学相关知识可知，照度和光强的关系可以用下式表示：

$$E = \frac{I \cdot \cos\theta}{r^2}$$

图 2-16　LED 光强分布测试原理图

式中，E 为照度；I 为光强；r 为光源到光接收面的距离；θ 为光束中心与光接收面法线的夹角。当 θ 为 0 时，I 为零度光强，即 $\cos\theta$ 为 1，上式可以简化为 $E = \dfrac{I}{r^2}$，即 $I = E \cdot r^2$。

光强空间分布特性图反映了器件的光强的空间分布特性。LED 光强空间分布特性图如图 2-17 所示。

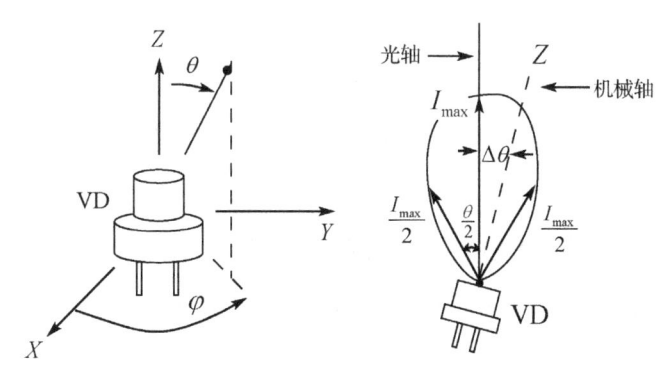

图 2-17　LED 光强空间分布特性图

LED 技术及应用

半强度角 $\frac{\theta}{2}$ 就是沿光源中心法线方向向四周张开，从中心光强 I_{max} 到周围 $I_{max}/2$ 之间的夹角。当光源的光强均匀时，法线周围光强为 $\frac{I_{max}}{2}$ 处与光源中心法线方向的夹角应当相等；当光源的光强不均匀时，该夹角不相等。图 2-17 中的偏差角 $\Delta\theta$ 是在光强空间分布特性图中最大光强方向与机械轴 Z 之间的夹角。

2．LED 光强分布测试系统的组成

LED 光强分布测试系统如图 2-18（a）所示。LED 光强分布测试系统由计算机和 LED 光强分布测试主机构成，其中，LED 光强分布测试主机主要由机箱盖、光强探头、加长筒、光强信号输入线、自动旋转盘、LED 夹具构成，如图 2-18（b）所示。

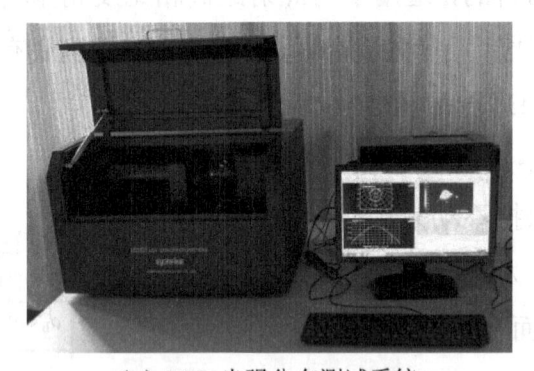

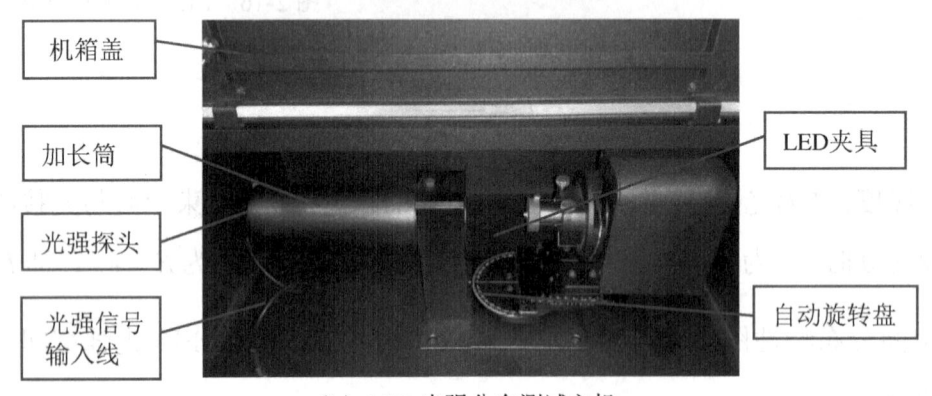

（a）LED 光强分布测试系统

（b）LED 光强分布测试主机

图 2-18　LED 光强分布测试系统及 LED 光强分布测试主机

（1）机箱盖：为待测光源提供一个暗室环境，减少外界光源对待测光源测试结果的影响。

（2）光强探头：用于采集 LED 发出的光的参数。

（3）加长筒：由两个相连的加长筒和光强装置支架组成，加长筒、光强装置支架和光强探头采用螺纹连接，可适当组合，以满足不同测量条件。将加长筒拆卸下来，并将光强探头与光强装置支架直接连接，是测试 CIE-B 标准（近场 100mm 标准）；加上两个加长

项目二　LED 性能测试

筒，是测试 CIE-A 标准（远场 316mm 标准）。

注意，不要将两个加长筒拆开单独使用。

（4）自动旋转盘：在测试时用于使 LED 实现+90°～-90°旋转，以实现相应角度的数据采集。

（5）光强信号输入线：用于传输 LED 光强分布测试系统内的光信号。

（6）LED 夹具：LED 和电源接口的连接部件。不同类型的 LED 配有不同夹具，用户可根据不同需求更换夹具。

LED 光强分布测试系统主要用于测量 LED 的配光曲线（LED 光强分布测试）、光束角、法向光强、正向电压、反向电压、反向击穿电压等参数。其工作过程如下：先将待测 LED 安装在自动旋转盘上的 LED 夹具上，将箱体关闭（可以视箱体为不透光的黑箱，忽略外界光源的影响）；然后开启电源，LED 发出的光通过加长筒匀光后，进入光强探头；最后光强探头将光信号转化为电信号，电信号经处理后被送入计算机，并显示在软件界面中。

任务实施

LED 光强分布测试系统是用来测量 LED 的配光曲线、光强、光束角等参数的。本任务主要包括 LED 光强分布测试、LED 电压光强曲线（电流-电压曲线和电流-光强曲线）测试、LED 光电参数测试等，如图 2-19 所示。

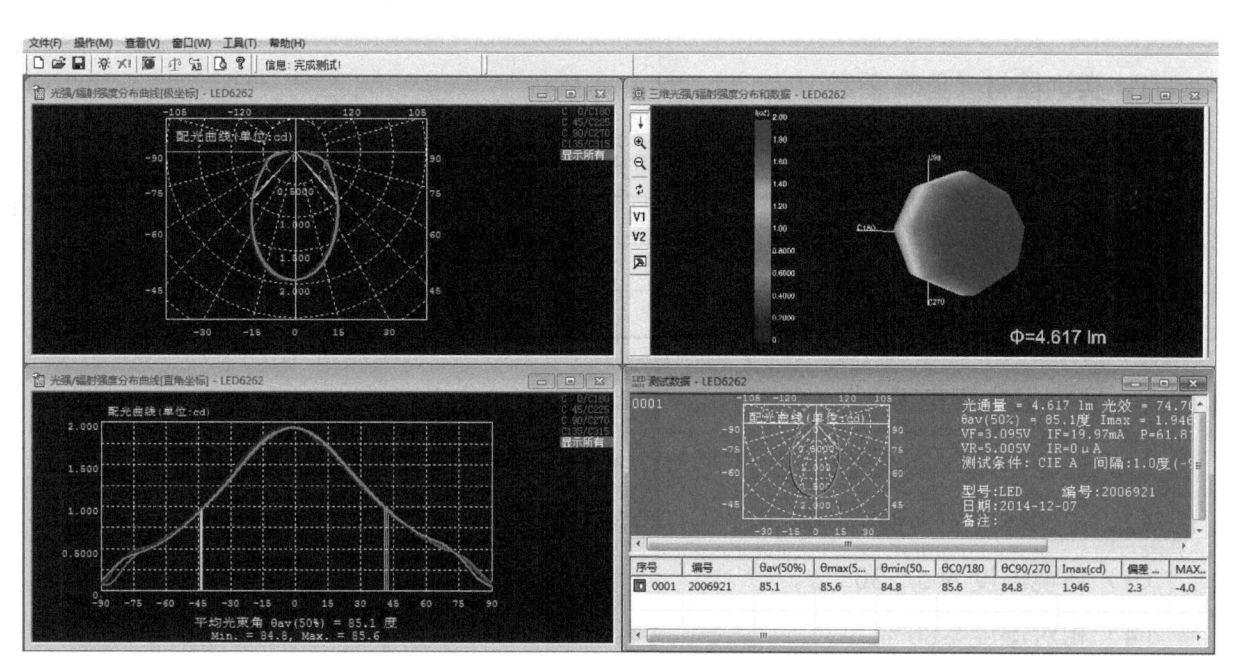

（a）LED 光强分布测试

图 2-19　LED 光强分布测试系统测试效果

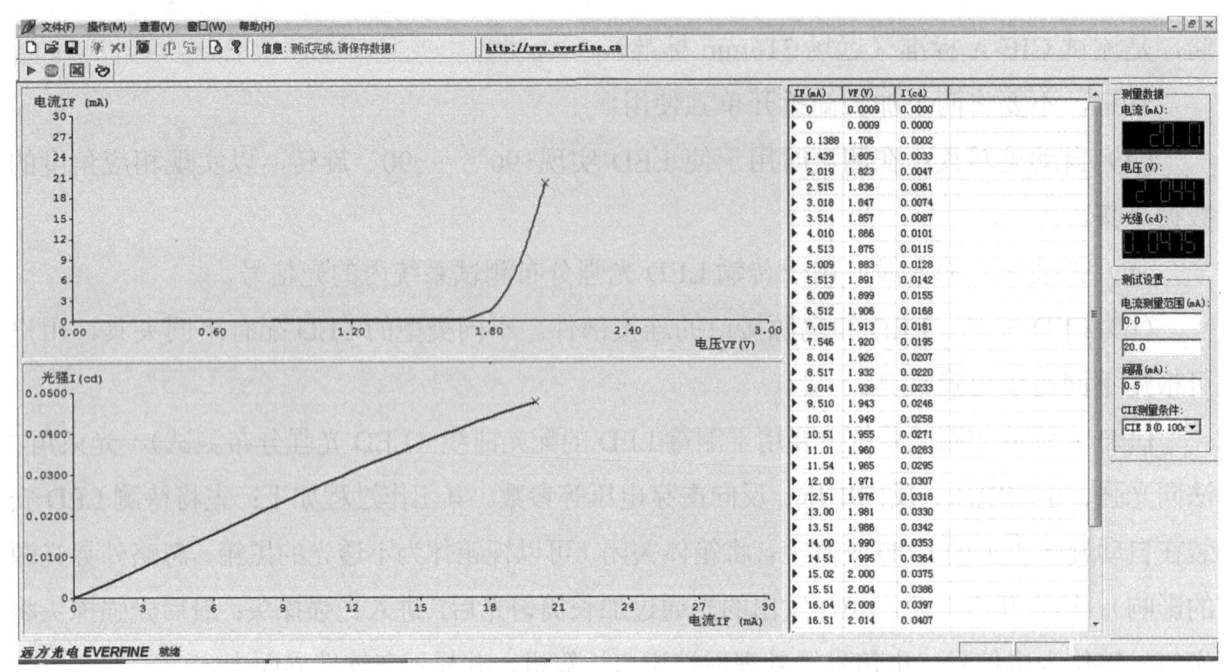

LED 技术及应用

（b）LED 电压光强曲线测试

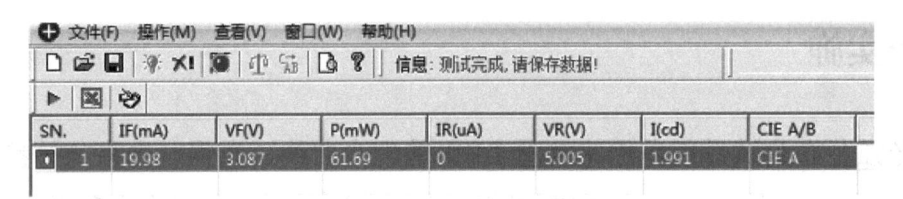

（c）LED 光电参数测试

图 2-19　LED 光强分布测试系统测试效果（续）

1．实训器材（见表 2-2）

表 2-2　LED 光强分布测试设备及材料

名　　称	种　　类	功　　能
LED 光强分布测试系统	—	测试 LED 的配光曲线、电压光强曲线、光电参数
LED	直插式 LED	被测光源

2．实训安全与要求

（1）通信电缆一旦连接好，就不要经常插拔，以免接触不良，影响系统正常使用。

（2）工作环境应为清洁的室内，工作台应稳固、可靠。

（3）环境温度为 5～30℃。

（4）相对湿度≤80%。

（5）在测试前要调整定位板距离，在测试后要放下定位板。在测试前定位板用于确定光源的位置，光源一定要与定位板接触，以获得较好测试效果。调好距离后要将定位板放下，以免光源被遮挡。

（6）仪器所配光强探头属于精密器件，需要进行防尘、防油处理。不要用手直接触碰光电探测器的受光面。

3．实训过程

1）LED 光强分布测试

（1）连接好硬件后，双击软件图标，弹出程序主窗口，如图 2-20 所示。

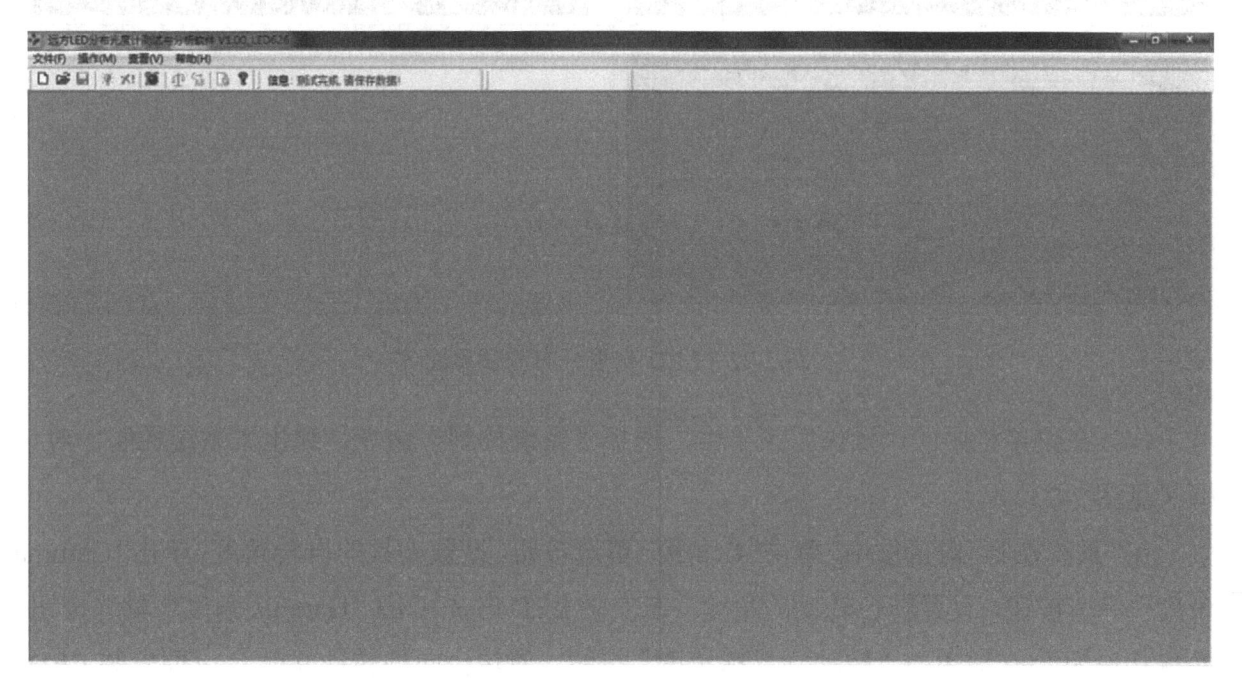

图 2-20　程序主窗口

（2）依次选择"文件"→"新建"命令，或单击"🗋"按钮，弹出"新建"对话框，如图 2-21 所示。

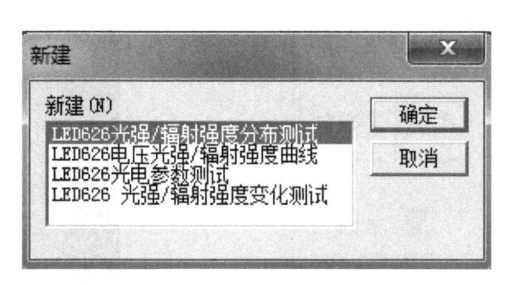

图 2-21　"新建"对话框

（3）选择第一个选项，单击"确定"按钮，进入 LED 光强分布测试界面（见图 2-22）。此界面由四个窗口组成，分别为"光强/辐射强度分布曲线［极坐标］"窗口、"光强/辐射强度分布曲线［直角坐标］"窗口、"三维光强/辐射强度分布和数据"窗口和"测试数据"窗口。

LED 技术及应用

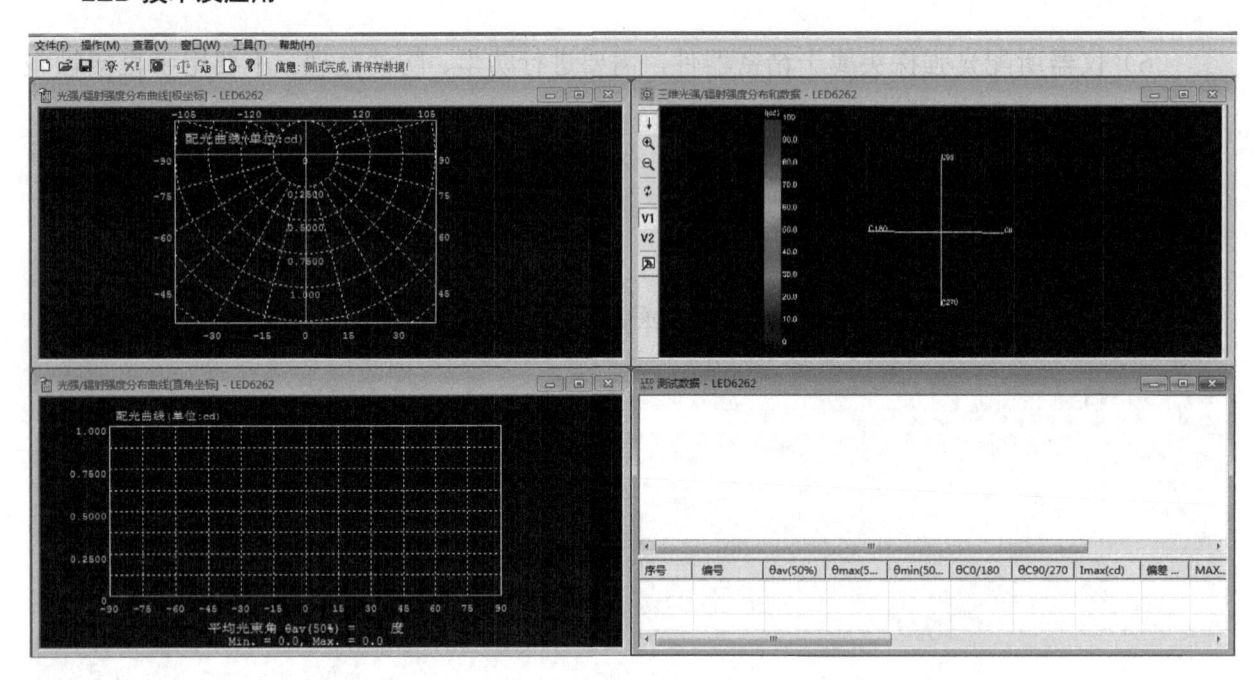

图 2-22 LED 光强分布测试界面

（4）在菜单栏中的"操作"菜单中，选择"系统控制"命令，弹出"系统控制"对话框（见图 2-23）。

在"系统控制"对话框中，单击"C 角度"单选按钮，设置夹具的自转角度；单击"Gamma 角度"单选按钮，设置转台转动的角度。在安装 LED 时先单击"Gamma 角度"单选按钮，并将其设为"90"，单击"转动到目标角度"按钮，使转台向外转动 90°，以便安装 LED，如图 2-24 所示。然后打开 LED 光强分布测试主机的机箱盖，安装 LED。再单击"复位转轴"按钮，使转台恢复到初始状态。最后单击"关闭"按钮，关闭"系统控制"对话框，并盖上 LED 光强分布测试主机的机箱盖。

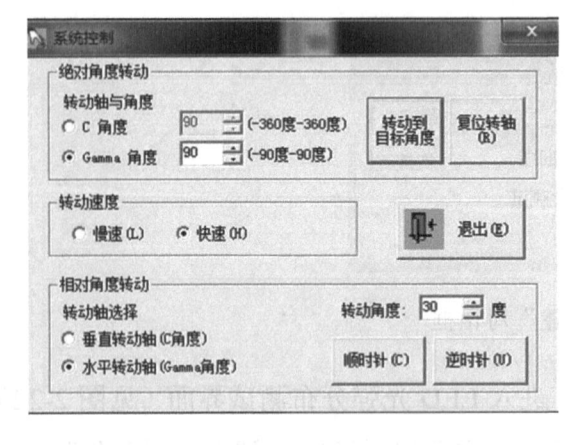

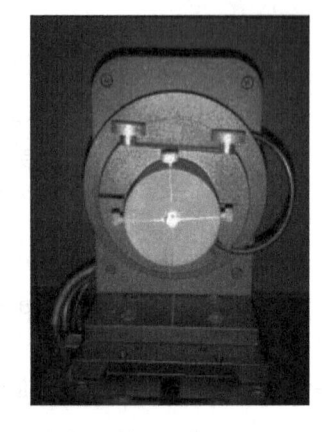

图 2-23 "系统控制"对话框   图 2-24 转台向外转动 90°

（5）选择"操作"菜单［见图 2-25（a）］中的"测试"命令，进入"分布测试"界面，如图 2-25（b）所示，设置相关参数。

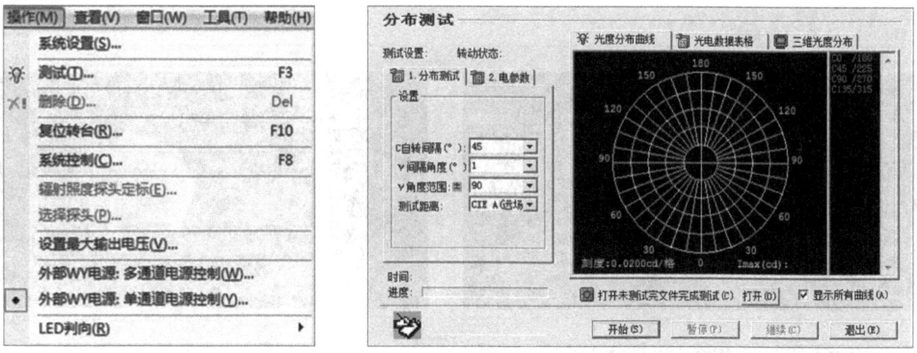

项目二 LED 性能测试

(a)"操作"菜单　　　　　　　　　　　(b)"分布测试"界面

图 2-25　"操作"菜单和"分布测试"界面

（6）单击"分布测试"界面中的"2. 电参数"标签，设置预热时间、正向电流和反向电压，如图 2-26（a）所示。单击"开始"按钮，弹出"测试"对话框，如图 2-26（b）所示，勾选"测试前复位系统"复选框，单击"确定"按钮。

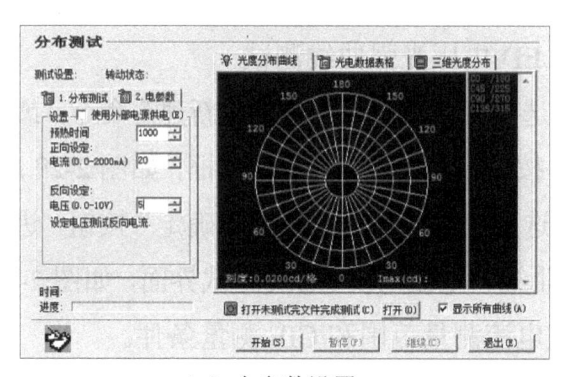

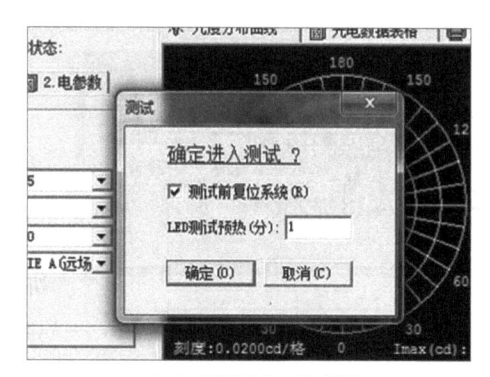

(a)电参数设置　　　　　　　　　　　(b)"测试"对话框

图 2-26　电参数设置和"测试"对话框

（7）在弹出的"预热 LED"对话框中，如图 2-27 所示，单击"马上测试"按钮，系统进入预热和测试状态。

图 2-27　"预热 LED"对话框

（8）测试完毕后，数据自动显示在 LED 光强分布测试界面中，如图 2-28 所示。

LED 技术及应用

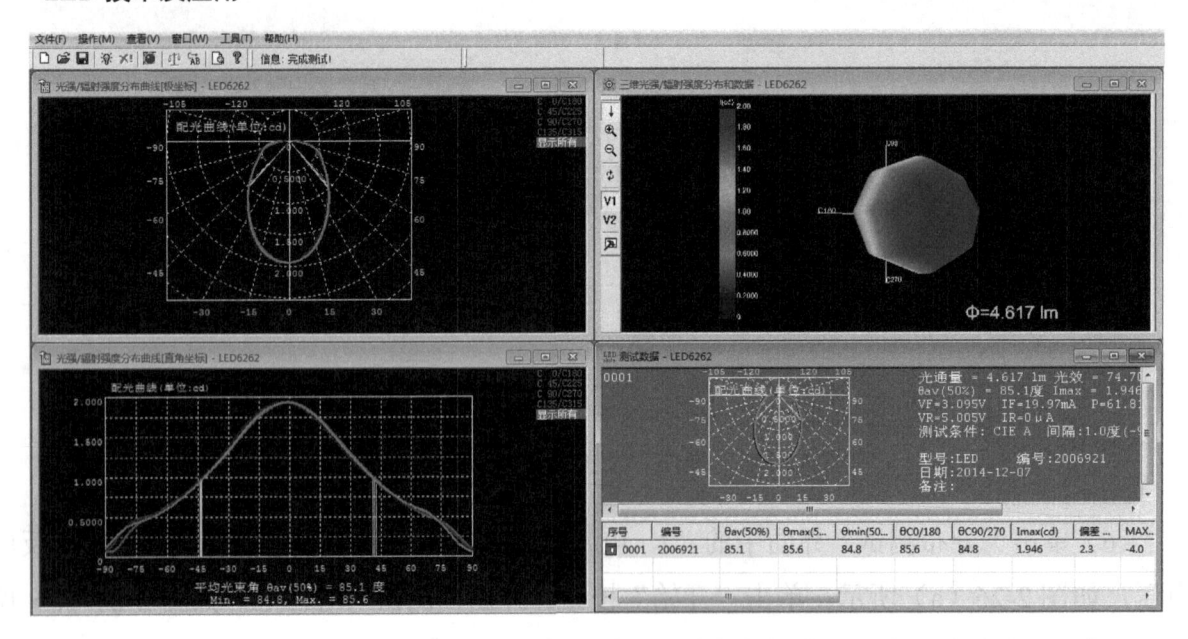

图 2-28 数据显示在 LED 光强分布测试界面中

2）LED 电压光强曲线测试

（1）选择"文件"菜单中的"新建"命令，或者单击"▯"按钮，弹出"新建"对话框，如图 2-29 所示。

（2）选择第二个选项，单击"确定"按钮，进入电流-电压曲线和电流-光强曲线测试界面，如图 2-30 所示，设定电流测量范围和 CIE 测量条件。

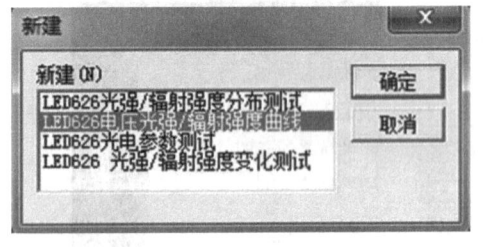

图 2-29 "新建"对话框

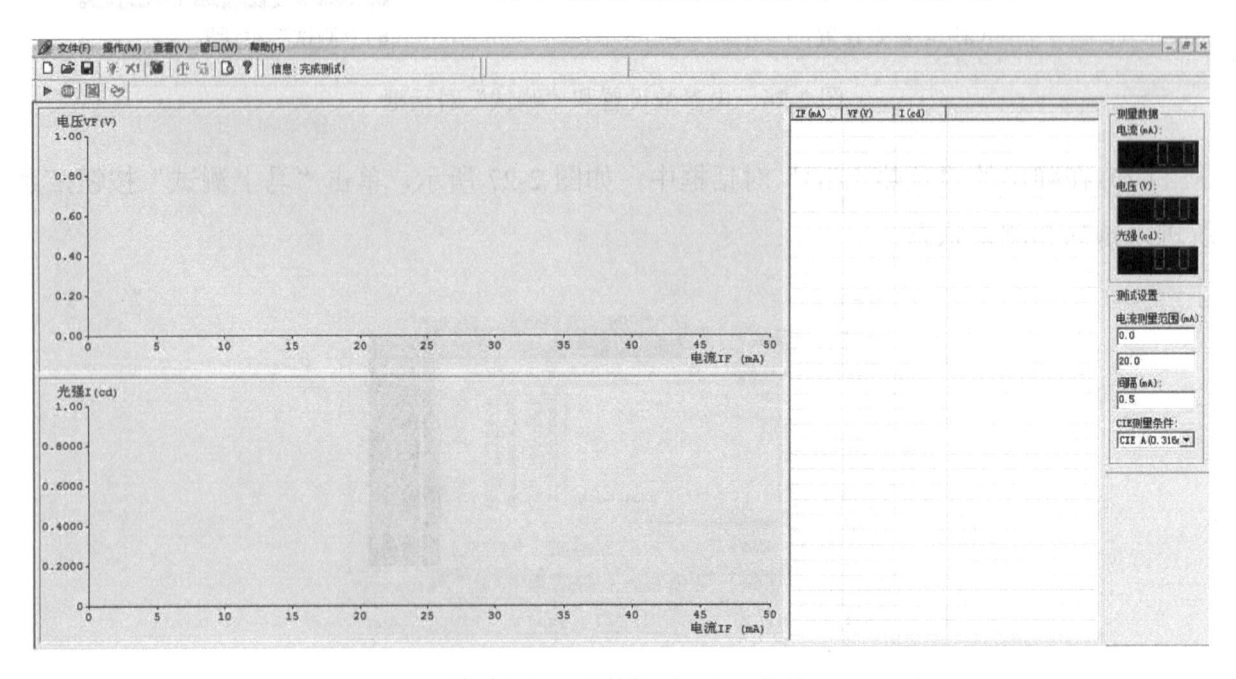

图 2-30 电流-电压曲线和电流-光强曲线测试界面

（3）选择"操作"菜单中的"测试"命令，开始测试，测试完毕后，弹出"LED626"

提示框，单击"确定"按钮，得到测试结果，如图 2-31 所示。

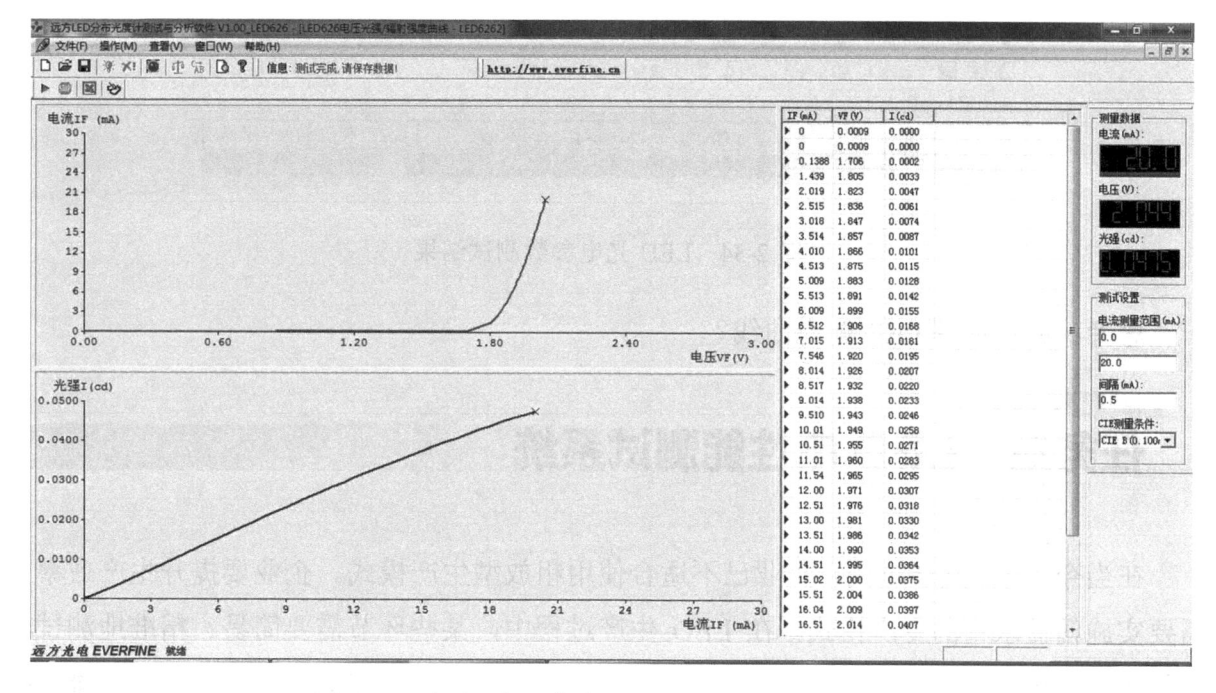

图 2-31　电流-电压曲线和电流-光强曲线测试结果

3）LED 光电参数测试

（1）选择"文件"菜单中的"新建"命令，或者单击"□"按钮，弹出"新建"对话框，如图 2-32 所示。

（2）选择第三个选项，单击"确定"按钮，进入 LED 光电参数测试界面，如图 2-33 所示，设定预热时间、正向电流和最大反向电压。

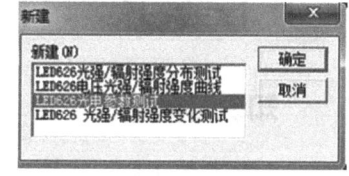

图 2-32　"新建"对话框

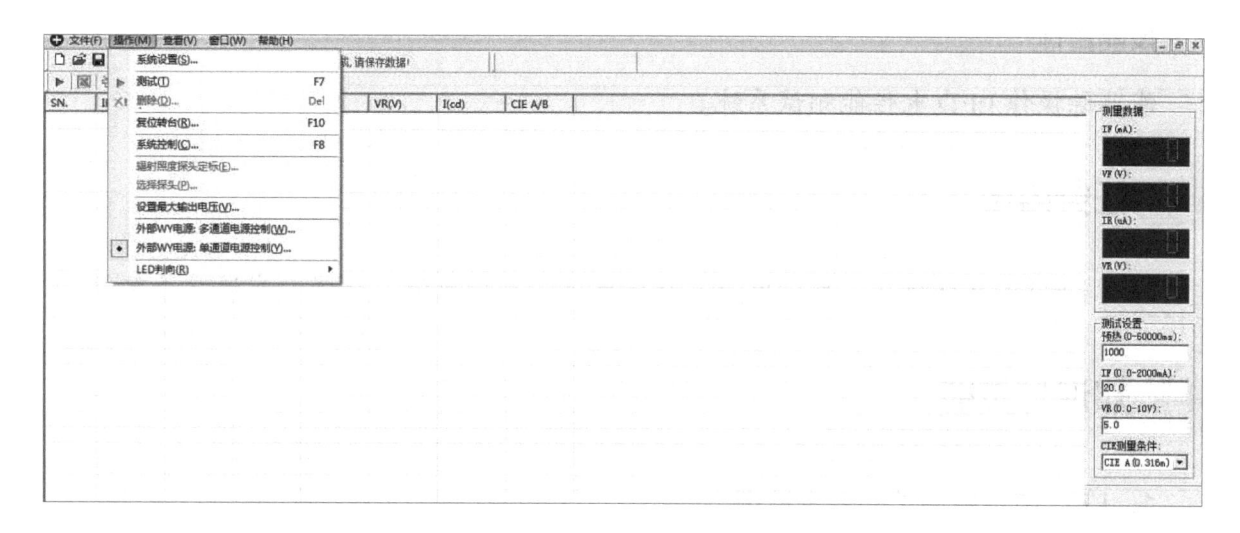

图 2-33　LED 光电参数测试界面

（3）选择"操作"菜单中的"测试"命令，开始测试，得到相关光电参数。LED 光电

LED 技术及应用

参数测试结果如图 2-34 所示。

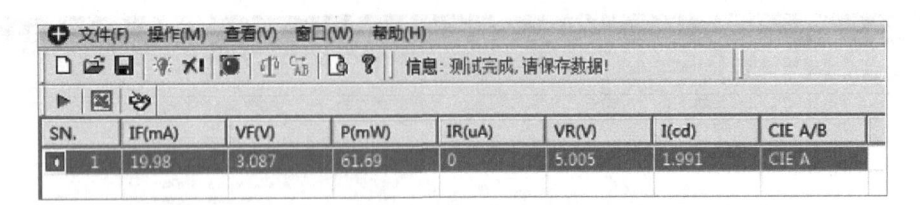

图 2-34　LED 光电参数测试结果

思考：如何理解 LED 配光曲线？

任务三　LED 电性能测试系统

在当今 LED 发展时代，企业已不适合使用粗放型生产模式。企业要提升生产效率，需要实施精益求精的生产模式。在 LED 生产过程中，某些环节需要简易、精准地测试器件的相关参数，如 LED 的额定电压、反向电流、光强、光通量等，以快速判断其性能，提高生产效率。

任务目标

知识目标

1. 了解 LED 电性能测试系统的基本原理。
2. 掌握 LED 电性能测试系统的基本组成和使用方法。

技能目标

能熟练操作 LED 电性能测试系统。

任务内容

测量 LED 的正向电压、反向电压、正向电流、反向电流、光强、光通量等参数。

知识与技能

1. LED 电性能测试的基本原理

LED 电性能测试主要测量的是 LED 的正向电压、反向电压、正向电流、反向电流（漏电流），以及在额定电流驱动下 LED 的光强、光通量和辐射强度。

在对 LED 进行正向电性能测量时，采用恒流源供电，根据设定的电流自动调节输出正向工作电流，并测出 LED 两端的正向电压和流过 LED 的正向电流。LED 正向电性能测试原理如图 2-35（a）所示。

在对 LED 进行反向电性能测量时，采用恒压源供电，逐渐增加恒压源的输出电压，并监控流过 LED 的电流，当电流达到设定的反向电流值时，测量电压，该值就是反向电压；给被测 LED 施加反向电压，根据设定的反向电压调节恒压源，并测出流过 LED 的反向电流。LED 反向电性能测试原理如图 2-35（b）所示。

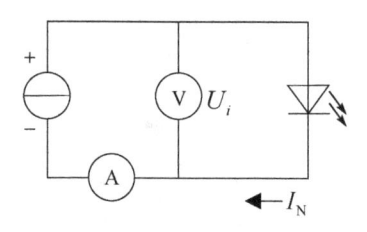

（a）LED 正向电性能测试原理 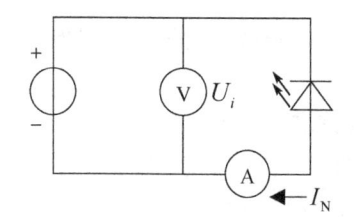　　（b）LED 反向电性能测试原理

图 2-35　LED 电性能测试原理

LED 电性能测试系统测试 LED 光强分布的原理与 LED 光强分布测试系统测试 LED 光强分布的原理一样，即 $I = E \cdot r^2$，其中，E 为照度；I 为光强；r 为光源到光接收面的距离。二者的不同之处在于前者需要手动调节角度进行测量，而后者通过仪器自动调节角度进行测量。

2．LED 电性能测试系统的基本组成

LED 电性能测试系统［见图 2-36（a）］主要由测试平台、光电探测器和 LED 电性能测试主机三部分组成，线路连接示意图如图 2-36（b）所示。

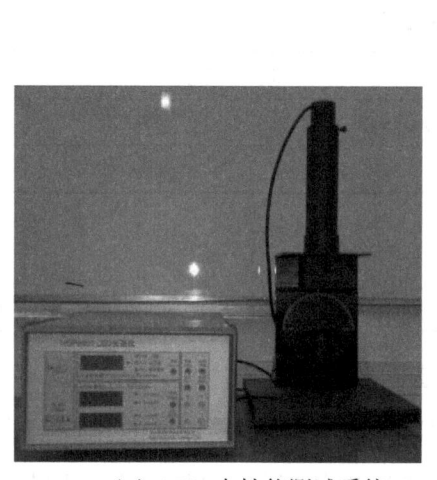

（a）LED 电性能测试系统 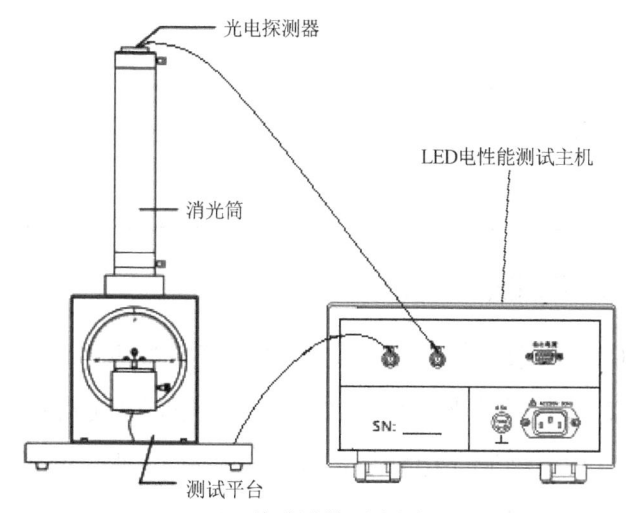　　（b）线路连接示意图

图 2-36　LED 电性能测试系统和线路连接示意图

LED 电性能测试主机实物图如图 2-37 所示。图 2-37（a）所示为正面，它由三部分组成，分别为显示窗口、电源开关和键盘，显示窗口用于显示光强、光通量、辐射强度、正向电压、反向电压、正向电流、反向电流的测试结果及各种测试条件；电源开关用于控制仪器供电电源的开、关状态；键盘由 11 个按键组成，包括"功能"按键、"锁存"按键、"设定"按键、"定标"按键、"校零"按键、"输出"按键、"正反"按键等，这些按键用于对仪器进行定标和校零、对显示的数据进行锁存，以及设定各种数据等。LED 电性能测试主机背面有四个接口，如图 2-37（b）所示。

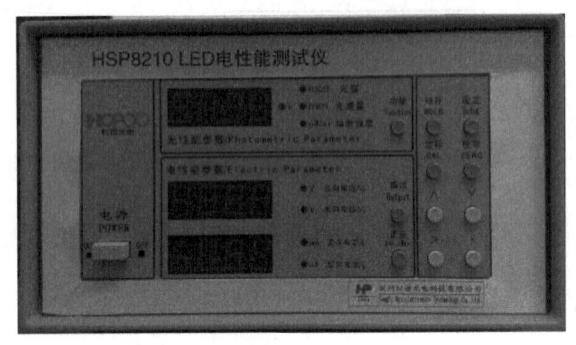

（a）正面 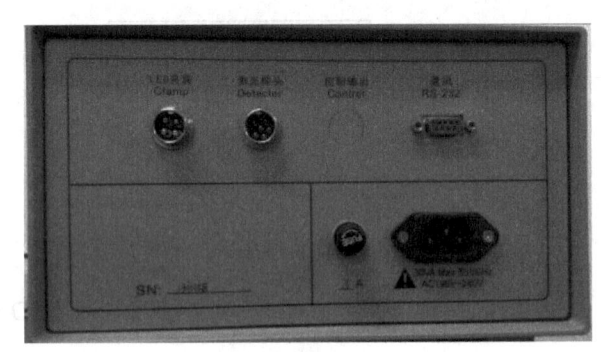　　　　　　　　　　　（b）背面

图 2-37　LED 电性能测试主机实物图

任务实施

LED 电性能测试系统主要用来测量 LED 的正向电压、反向电压、正向电流、反向电流，以及在额定电流下 LED 的光强、光通量和辐射强度。

1. 实训器材（见表 2-3）

表 2-3　LED 电性能测试设备及材料

名　　称	功　　能
LED 电性能测试系统	测量 LED 的电性能参数
LED	被测光源

2. 实训安全与要求

（1）在选择最大工作电压时一定要慎重，最大工作电压过大，会导致被测 LED 损坏；最大工作电压过小，会导致 LED 电性能测试系统无法正常测试。

（2）当被测 LED 发光较弱时，建议进行近场测试，即把测试平台上的消光筒去掉并在设定中选择近场测试；当被测 LED 发光较强时，建议进行远场测试，即在测试平台上安装消光筒并在设定中选择远场测试。

（3）在安装 LED 时，要注意 LED 的安装位置，保证 LED 的灯头在刻度盘的中心。

3. 测试过程

由于 LED 电性能测试系统在出厂前已经使用标准灯进行定标，因此使用者不需要再进行定标。针对被测的 LED 的功率类型，使用"设定"">""∧""∨"等按键对额定电流和反向电压进行设置。对于小功率型 LED，设定其额定电流为 20mA，反向电压为 5V，并对数据进行保存。

先把 LED 插进 LED 夹具，打开电源，按"输出"按键。这时 LED 发光，通过"功能"按键设置被测 LED 的光强、光通量、辐射强度，显示窗口中显示设定值。另外，当测量 LED 法向光强时，将刻度盘上的 0°刻度线与参考刻度线对准；当测量 LED 其他角度的光强时，将相应角度的刻度线与参考刻度线对准。

然后按"正反"按键，测量 LED 设定的反向电压下的反向电流。测量后，再次按"正反"按键，被测 LED 将回到正向导通状态。操作面板如图 2-38 所示。

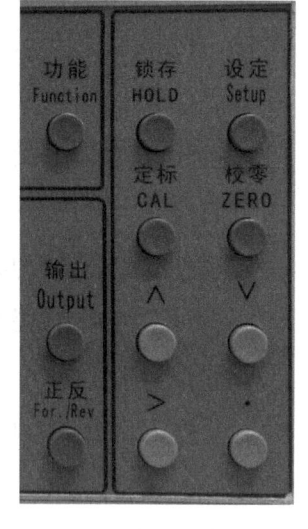

图 2-38 操作面板

思考： 以角度为 x 轴，光强为 y 轴，画出光强-角度曲线。

任务四　LED 老化与寿命试验

在 LED 生产过程中，某些环节需要简易地测试 LED 的指标，如 LED 的额定电压、反向电流、光强等，以快速判断 LED 的性能。

任务目标

知识目标

1. 了解 LED 老化试验的方法。
2. 了解影响 LED 寿命的主要因素。

任务内容

认识 LED 可靠性失效过程。

知识与技能

1. 老化试验

老化试验又称加速寿命试验，该试验只对元器件、材料和生产工艺进行，用于确定元器件、材料及生产工艺的寿命。其目的不是使产品暴露缺陷，而是识别及量化在寿命末期导致产品损耗的失效及其失效机理。

老化试验基于受试品在短时间、高应力作用下表现出的特性与其在长时间、低应力作用下表现出来的特性是一致的假设。

老化试验又分为温度老化试验、电老化试验等。

1）温度老化试验

温度老化试验一般分为几个等级进行，每 15℃为一个等级。常见的温度老化试验有 40℃、55℃、70℃、85℃四个等级，时间一般是 4h。工业上在进行温度老化试验时常采用的试验温度是 70℃，时间是 4h。

根据试验产品的种类和数量，温度老化试验方法分为两种。

（1）温度老化箱：主要针对塑胶产品，适用于数量和体积不是很大的产品。温度老化箱如图 2-39 所示。

温度老化箱用来对电线、电缆、绝缘体或被覆的橡胶试片进行老化，以比较试片老化前与老化后的抗拉强度及伸长率。

换气式温度老化箱以热风循环方式促使试片老化，内箱密闭性强，具有抽换内箱空气装置和超温自动切断保护装置。

（2）温度老化柜或温度老化房：主要针对高性能电子产品（如计算机整机、显示屏、终端机、灯具、车用电子产品、电源供应器、主机板、监视器、交换式充电器等），可仿真高温环境。温度老化柜和温度老化房是提高产品稳定性、可靠性的重要实验设备，被广泛应用于电源电子、计算机、通信、生物制药等领域。

图 2-39 温度老化箱

温度老化试验是各生产企业提高产品质量和竞争力的重要生产流程。在进行温度老化试验时，要根据不同的要求配置主体系统、主电系统、加热系统、温度控制系统、风力恒温系统、时间控制系统、测试负载等，以检查出不良品或不良件。

2）电老化试验

电老化试验是为产品施加超过额定电压的电压或超过额定电流的电流，以选出有缺陷的产品的试验。研究不合格产品，有利于改进生产工艺。通过电老化试验能快速地估算出产品的寿命。

图 2-40 所示为一款小功率型 LED 老化试验仪，该试验仪配置了 260 路独立恒流源。电流可独立调节，各 LED 间互不影响，电流驱动在 0～100mA 范围内持续调节，可同时进行普通 2 脚 LED、3 脚 LED 和食人鱼 LED 的老化试验和比色测试。

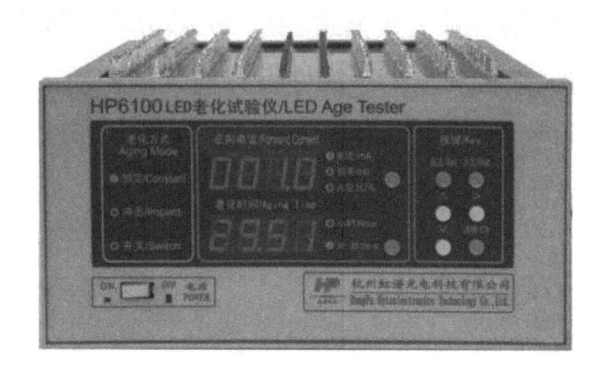

图 2-40 一款小功率型 LED 老化试验仪

2．寿命试验

LED 的可靠性会严重影响其寿命。常采用半衰期来评价 LED 的寿命。半衰期是指 LED 的光强输出下降至初始值的 50%的时间。

半导体器件的寿命可以通过半导体器件的可靠性曲线（浴盆曲线）来表示，如图 2-41 所示。从图 2-41 中可以看出，半导体器件的失效期可分为早期失效期、偶然失效期、耗损失效期。

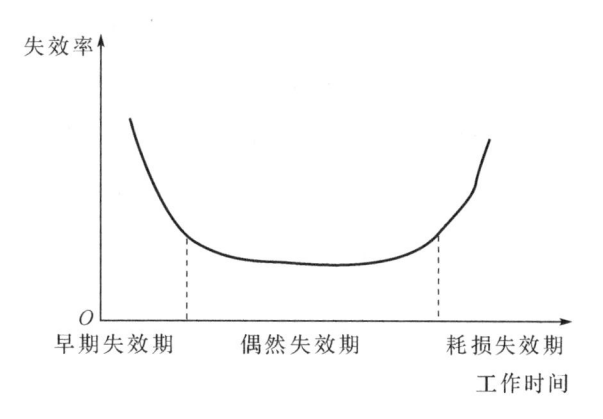

图 2-41 半导体器件的可靠性曲线

早期失效期：失效率高，并随着工作时间的增加而迅速下降。早期失效期的故障原因主要是器件存在制造工艺缺陷和设计缺陷。

偶然失效期：器件主要工作时段，失效率低，比较稳定。偶然失效期的故障是由外部因素引起的突变性损坏，如静电放电、瞬间大电流波动、机械振动等，在失效前没有任何迹象。

耗损失效期：器件的失效率开始显著上升，预示着寿命的终结。耗损失效期的故障主

LED 技术及应用

要是由器件的物理变化、老化和机械磨损、疲劳磨损等导致的。

寿命试验是将器件置于特定试验条件下考察器件失效率随工作时间变化的规律。高加速寿命试验通过在不改变失效机理的条件下加大应力,来缩短试验时间。LED 的可靠性试验通常为寿命试验。通过寿命试验可以了解器件的寿命特征、失效规律、失效率、平均寿命及在试验过程中可能出现的各种失效模式。结合失效分析可以进一步确定导致器件失效的主要失效机理,可以将失效机理作为可靠性设计与预测和新工艺改进的依据,通过数据反馈提高新器件的可靠性。

思考:LED 老化对其性能有哪些影响?

知识链接

1. 认识直流电子负载仪

直流电子负载仪(也称模拟负载仪)是一款用来测量 LED 驱动电源的输出参数的仪器,如 LED 驱动电源的输出电流、输出电压、输出功率、负载范围。直流电子负载仪有定电流(CC)、定电压(CV)、定功率(CW)和定电阻(CR)四种工作模式。在进行测量时,要先选择直流电子负载仪的工作模式。在一般情况下,恒流驱动电源应选择定电压模式,因为在该模式下负载的电压是恒定的,输出的波纹电压对负载的影响相对较小。当然也可以选择定电阻模式。在定电压模式下,直流电子负载仪将消耗足够的电流来使输入电压维持设定的数值。设置不同的定电压相当于给驱动电源接上了不同的负载阻抗,但这个定电压必须满足驱动电源的输出要求。如果设置的定电压超出驱动电源输出的允许工作电压范围,驱动电源将自动进入保护状态,出现"打嗝"现象,即直流电子负载仪显示的输出电压不停跳变,无法进行输出参数的检测与读取。在对直流电子负载仪进行接线时,一定要注意输入端子的正、负极要正确连接,否则会烧坏直流电子负载仪。可编程直流电子负载仪如图 2-42 所示。

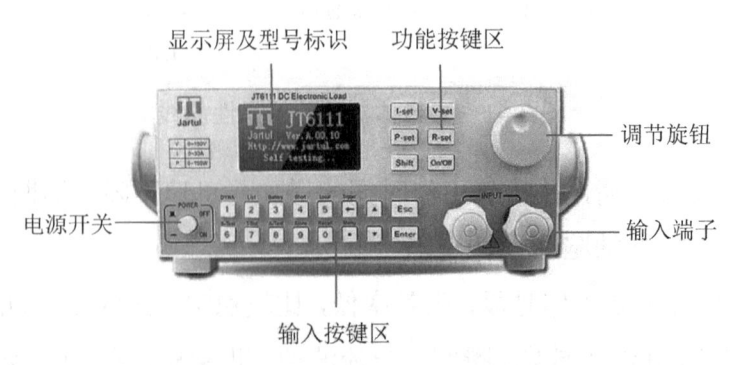

图 2-42 可编程直流电子负载仪

2. 认识数字照度计

照度计（或称勒克斯计）是一种专门测量光度、亮度的仪器仪表，通常由硒光电池或硅光电池和微安表组成。数字照度计如图2-43所示。

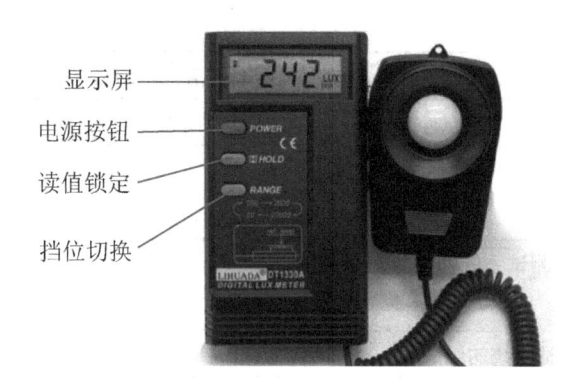

图 2-43 数字照度计

照度与人们的生活有着密切的关系。不合适的照明条件是造成职业劳动事故和人员疲劳的主要原因之一。现有统计资料表明，在所有职业劳动事故中约有30%是由光线不足造成的。例如，体育场的光照要求是非常严格的，光照过强或过暗都会影响比赛。

照度是卫生学中一项十分重要的指标。光是能引起眼睛光亮感觉的电磁波。光进入眼睛后产生的知觉称为视觉。可见光是指能引起视觉的电磁波，其波长范围为380～760nm。

采光可分为自然采光和人工光源采光两大类。自然采光是指室内和地区的天然照度，包括直接日光照射和周围物体反射光照射，常用采光系数和自然照度系数表示。采光系数是指采光口的有效面积与室内地面面积之比（玻璃窗面积/室内地面面积）。一般住宅的采光系数介于1/15～1/5，起居室的采光系数介于1/10～1/8。自然照度系数用于评价自然光的照度水平，是指室内的水平面上漫反射光的照度与同一时刻室外空旷无遮光物地方接受整个天空漫反射光的水平面上照度的百分比，能反映当地光气候。

为保障人们在适宜的光照下生活，我国制定了室内（包括公共场所）照度的卫生标准。例如，商场（店）照度的卫生标准为≥100lx；图书馆、博物馆、美术馆、展览馆台面照度的卫生标准为≥100lx；公共浴室照度的卫生标准为≥50lx；浴室（淋、池、盆浴）照度的卫生标准为≥30lx，桑拿浴室照度的卫生标准为≥30lx。国外也有自己的室内照度的标准。德国制定的室内照度的标准如下：在办公室中，文书工作区照度要求为300lx，打字、绘图工作区照度要求为750lx；在工厂中，生产线上的视觉工作区照度要求为1000lx；酒店、公共房间的照度要求为200lx；接待点、出纳柜的照度要求为200lx；商店橱窗的照度要求为1500～2000lx；医院病房的照度要求为150～200lx，紧急治疗区的照度要求为500lx；学校、教室的照度要求为400～700lx；食堂、室内健身房的照度要求为300lx；等等。

LED 技术及应用

照度一般用照度计测量。照度计可测量出不同波长的光的照度。总之，照度与人体健康，尤其是眼睛保健有着极其重要的卫生学意义。

考核

任务考核内容		标准分值	自我评分分值×50%	教师评分分值×50%
专业知识与技能	任务计划阶段			
	实训任务要求	10		
	任务执行阶段			
	LED 光色电综合测试系统的功能、组成与基本原理	10		
	LED 光强分布测试系统的组成	10		
	LED 电性能测试系统的基本组成和使用方法	10		
	LED 老化试验方法	10		
	任务完成阶段			
	LED 光色电综合测试系统的操作和维护	10		
	LED 光强分布测试系统的操作和维护	10		
	LED 电性能测试系统的操作和维护	10		
职业素养	规范操作（安全、文明）	5		
	学习态度	5		
	合作精神及组织协调能力	5		
	交流总结	5		
合计		100		

学生心得体会与收获：

教师总体评价与建议：

教师签名： 日期：

思考与习题

1. 根据下表，测出 LED 在不同电流大小下的电压和光通量，并画出电流-电压（I-V）

曲线和电流-光通量（$I-\Phi$）曲线，最后对 LED 的性能进行分析。

电流/mA	0	2	4	6	8	10	12	14	16	18	20	25	30
电压/V													
光通量/lm													

2．简述 LED 光色电综合测试系统的测试原理。

3．简述 LED 光强的物理意义。

项目三

LED 驱动电源设计

项目三　LED 驱动电源设计

项目目标

1. 了解 LED 驱动电源的分类、特点、工作原理及常用的拓扑结构。
2. 掌握 LED 的连接方式及其驱动电源选配方法。
3. 掌握阻容降压驱动电源的工作原理及设计方法。

思政目标

1. 了解我国 LED 驱动电源的前沿技术，提高学生的科学自信、文化自信。
2. 培养学生精益求精的大国工匠精神，激发学生科技报国的家国情怀和使命担当。
3. 培养学生的安全意识，激发学生勇攀科学高峰的精神。

当前资源环境制约是我国经济社会发展面临的突出矛盾。解决节能环保问题，是扩内需、稳增长、调结构、打造中国经济升级版的一项重要而紧迫的任务。推动半导体照明产业化是解决节能环保问题的一条途径。在这个发展过程中，LED 驱动电源发挥着至关重要的作用，因为 LED 驱动电源的质量直接影响着 LED 灯具的效能。

任务一　LED 驱动电源的分类

LED 是一种绿色光源，与白炽灯、荧光灯相比，节电效率可以超过 90%。在同样亮度下，LED 的耗电量仅为普通白炽灯的 1/10，为荧光灯的 1/2，节能效果十分可观。LED 驱动电源作为 LED 灯具的"心脏"，起到关键作用。

任务目标

知识目标

1. 了解 LED 驱动电源的概念及作用。
2. 了解 LED 驱动电源的分类及特点。

任务内容

LED 驱动电源的种类、特点。

LED技术及应用

知识与技能

1. LED驱动电源概述

随着LED技术日益成熟,LED作为一种新型产品被应用于各个方面,如广泛使用的LED照明灯具、汽车工业上的仪器仪表指示灯、显示屏上的LED背光源及医用LED紫外线消毒器具等。LED属于半导体器件,电源电压和电流的波动会使LED的光效降低、寿命缩短,甚至会损坏LED芯片,因此LED能够适应的电源电压和电流的范围十分狭窄。现行的工频电源和常见的电池电源均不适合直接为LED供电,需要使用专门的电源转换器——LED驱动电源。LED驱动电源能够将高压工频交流电(市电)或其他供应电源(低压直流、高压直流、低压高频交流)转换为适合为LED供电的特定的电压电流,以驱动LED正常工作。

2. LED驱动电源分类

LED驱动电源几乎是一对一的伺服器件。不同场所使用的LED对LED驱动电源有不同要求。根据不同的应用可以对LED驱动电源进行如下分类。

1)按驱动方式分类

(1)恒流式驱动电源。

恒流式驱动电源输出的电流是恒定的,输出的电压会随着负载的不同在一定范围内变化。若使用的是阻性负载,则负载阻值越小,输出电压越低;负载阻值越大,输出电压越高。当负载阻值超过限定范围时,电源会启动自我保护,无法正常工作。

(2)恒压式驱动电源。

恒压式驱动电源输出的电压是恒定的,输出的电流会随着负载的改变而发生变化。在使用恒压式驱动电源时允许开路,严禁输出直接短路,输出电压的波动会引起LED亮度变化。在一般情况下,在使用恒压式驱动电源驱动LED时,需要串联阻值合适的电阻。

2)按电路结构分类

(1)电阻降压驱动电源。

电阻降压驱动电源通过电阻进行降压,电源受电网电压变化的干扰较大,稳压效果差,降压电阻要消耗大部分能量,因此其效率很低,系统可靠性也低。

(2)电容降压驱动电源。

电容具备"通交流,隔直流,通高频,阻低频"的特性,在交流回路中存在一定容抗,因此在交流电路中可用电容进行降压。电容具有充放电的作用,通过LED的瞬间电流极大,容易损坏LED芯片。相较于电阻,电容本身不消耗电能,因此电容降压驱动电源的效率比电阻降压驱动电源的效率高。但电容降压驱动电源易受电网电压波动影响,电源效率低,系统可靠性低。

(3) 常规变压器降压驱动电源。

常规变压器驱动电源体积小,质量较大,电源效率较低(一般为 45%~60%),可靠性不高,因此在一般情况下很少使用。

(4) 电子变压器降压驱动电源。

电子变压器降压驱动电源的电压范围窄,一般为 180~240V,电源输出波动大,电源效率低,但比常规变压器降压驱动电源高。

(5) RCC 降压式驱动电源。

RCC 降压即自激式反激转换器降压。RCC 降压式驱动电源的稳压范围比较宽、电源效率比较高,一般可以达到 70%~80%,应用也较广;但其振荡频率不连续,开关频率不容易控制,负载电压的波纹系数也比较大,异常负载适应性差。

(6) PWM 控制驱动电源。

PWM(Pulse Width Modulation,脉宽调制)是指在输入电压、内部参数及外接负载变化的情况下,控制电路通过被控信号与基准信号的差值进行闭环反馈,调节主电路开关器件导通的脉冲宽度,使电源的输出电压或电流稳定(对应恒压式驱动电源或恒流式驱动电源)。PWM 控制驱动电源效率极高,一般可以达到 80%~90%,输出电压、电流稳定。PWM 控制驱动电源一般都有完善的保护措施,属于高可靠性电源。

3) 按电源拓扑结构分类

(1) 隔离式驱动电源。

隔离是指电源输入和输出通过变压器实现电气连接,通过"电—磁—电"的形式进行能量转换,输出端没有与大地连接,没有触电危险,相对比较安全。隔离式驱动电源恒流精度高、输入电压范围宽,适用于低压大电流场合。因经过隔离变压器的能量转化,隔离式驱动电源效率和功率因数较低,电路较复杂,成本较高。隔离式驱动电源又可细分为正激式驱动电源和反激式驱动电源。

(2) 非隔离式驱动电源。

非隔离是指输入电源通过升降压后直接加在 LED 负载上。非隔离式驱动电源的效率和功率因数较高、电路简单、成本较低,适用于高电压小电流场合,因为没有经过变压器隔离,所以存在触电危险,同时恒流精度较低,输入电压范围窄。非隔离式驱动电源包含升压型、降压型和降压/升压型三类。

思考:LED 负载在什么情况下适合使用恒压式驱动电源,在什么情况下适合使用恒流式驱动电源?

任务二　LED 驱动电源的基本原理

通过对 LED 开关电源的电路组成及工作原理进行介绍，以及基于实例对恒压式和恒流式两种类型的 LED 驱动电源进行分析，为学生今后从事 LED 照明产品的研发与制造打下良好的基础。

任务目标

知识目标

1. 了解 LED 开关电源的电路组成及工作原理。
2. 了解恒压式、恒流式 LED 驱动电源的电路结构及工作原理。

任务内容

1. LED 开关电源的电路组成及工作原理。
2. 恒压式、恒流式 LED 驱动电源的电路结构及工作原理。

知识与技能

1. LED 开关电源电路组成及工作原理

1）LED 开关电源电路组成

LED 开关电源组成框图如图 3-1 所示。LED 开关电源电路主要包括输入整流滤波电路、DC/DC 电源变换器、输出整流滤波电路及信号反馈电路。在一般情况下，高可靠性的 LED 开关电源还增设了电磁干扰滤波器，以滤除外界电网的高频脉冲对电源的干扰，同时减少 LED 开关电源自身产生的电磁干扰信号；辅助电路由各类保护电路组成，如输入过压/欠压保护电路、输出过压/欠压保护电路、输出过流保护电路、输出短路保护电路等。

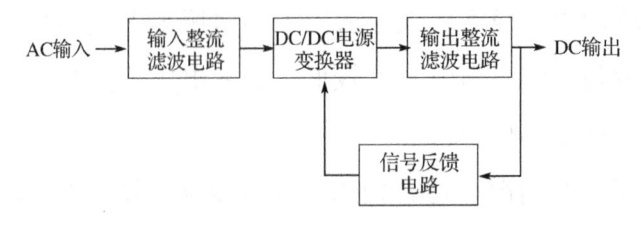

图 3-1　LED 开关电源组成框图

2）LED 开关电源工作原理

50Hz 单相交流电或三相交流 220V/380V 电压先经过电磁干扰滤波器，然后进行整流滤波，产生较高的直流电压，该直流电压为 DC/DC 电源变换器的输入电压。

LED 开关电源的核心部件为 DC/DC 电源变换器，其通常包含功率开关管、高频变压器及 PWM 比较器等。功率开关管由 PWM 比较器控制，工作在导通和截止两种状态下，相当于一个能够高速切换状态的开关。功率开关管配合高频变压器的初级线圈将直流电压变换成数千赫兹或数百千赫兹的高频方波或准方波，再由高频变压器的次级线圈感应产生交流电。

经由 DC/DC 电源变换器转换产生的高频交流电经输出整流滤波电路后变为直流电。

那么电路是如何保证输出的电压是稳定的呢？

将信号反馈电路产生的反馈电压与基准电压进行比较，得到误差值。误差放大器将误差值放大，产生的误差电压改变 PWM 比较器输出的脉冲宽度，继而改变功率开关管在一个周期内处于导通状态、截止状态的时间。

图 3-2 所示为 LED 开关电源中的误差放大器连接图，信号反馈电路产生的反馈电压接误差放大器的反相输入端，基准电压接同相输入端，当反馈电压因某种原因偏高时，误差放大器的输出电压会降低，继而减少 PWM 比较器输出信号的占空比，从而使功率开关管导通时间缩短，最终降低输出电压，起到稳压作用，反之亦然。

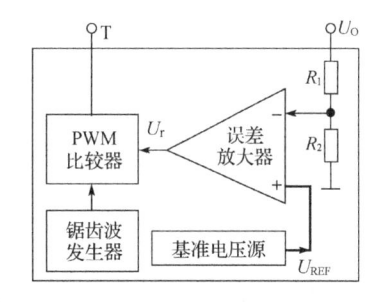

图 3-2 LED 开关电源中的误差放大器连接图

2. 恒压式 LED 驱动电源

恒压驱动是电源中常见的一种控制方式。所谓恒压，就是电源输出的电压是恒定的，不会随负载的改变而改变。前面介绍的 LED 开关电源就是一种恒压式驱动电源，下面以小功率恒压式 LED 驱动电源为例进行分析。小功率恒压式 LED 驱动电源电路如图 3-3 所示，其组成框图如图 3-4 所示。

小功率恒压式 LED 驱动电源电路的各部分电路的功能如下。

（1）AC 220V 交流电压输入；整流二极管 VD1～VD4 和电容 C1 组成输入整流滤波电路。

（2）电阻 R1、R2，电容 C2 及二极管 VD5 组成 RCD 吸收电路。

（3）开关变压器 T1 在电路中起能量转换与隔离作用。

（4）快恢复二极管 VD7、电容 C5、电阻 R3 组成输出整流滤波电路。

（5）电阻 R3 为泄放电阻（假负载），在电路断电后释放 C5 两端的电压。

（6）PC817、稳压二极管 VD6、电阻 R4 组成反馈电路，将输出电压通过 PC817 反馈到驱动芯片 DK112 的 FB 引脚。

（7）电容 C3 的作用主要是平滑 FB 引脚的电压，使反馈电压减少突变。

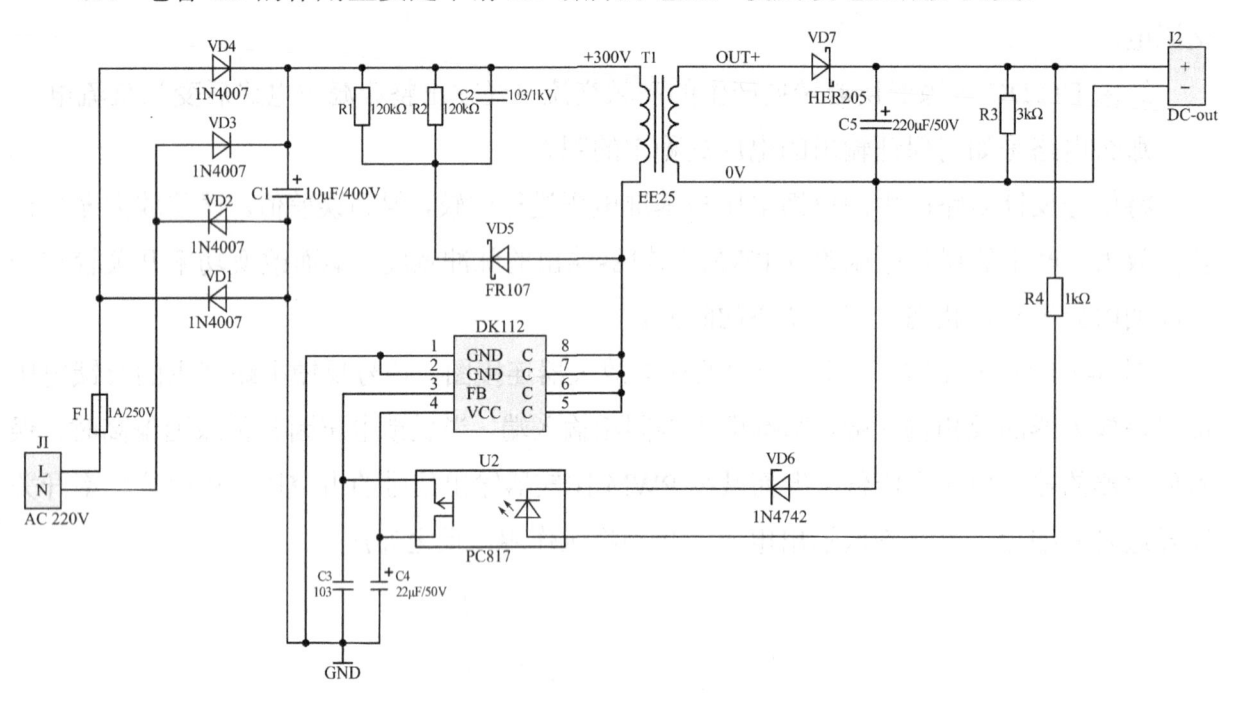

图 3-3　小功率恒压式 LED 驱动电源电路

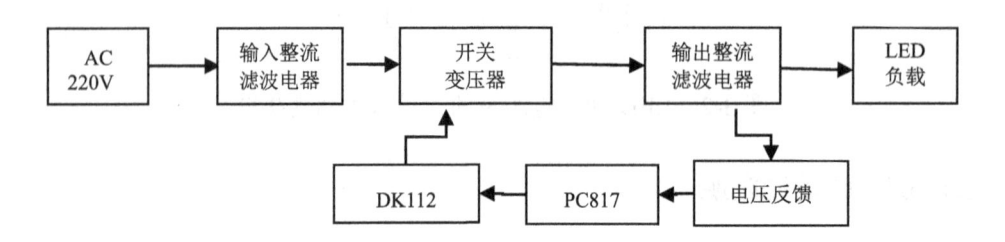

图 3-4　小功率恒压式 LED 驱动电源电路组成框图

3．恒流式 LED 驱动电源

LED 的伏安特性曲线通常比较陡，很小的电压变化就会引起较大的电流变化。若使用恒压式 LED 驱动电源供电，必须要求其有足够高的精度，并在 LED 中串联电阻限流，否则 LED 工作将极其不稳定，从而降低产品的可靠性、寿命。因此在 LED 照明产品中通常使用恒流式 LED 驱动电源进行驱动。

下面以一款非隔离降压式恒流 LED 驱动电源为例进行分析，其电路如图 3-5 所示。

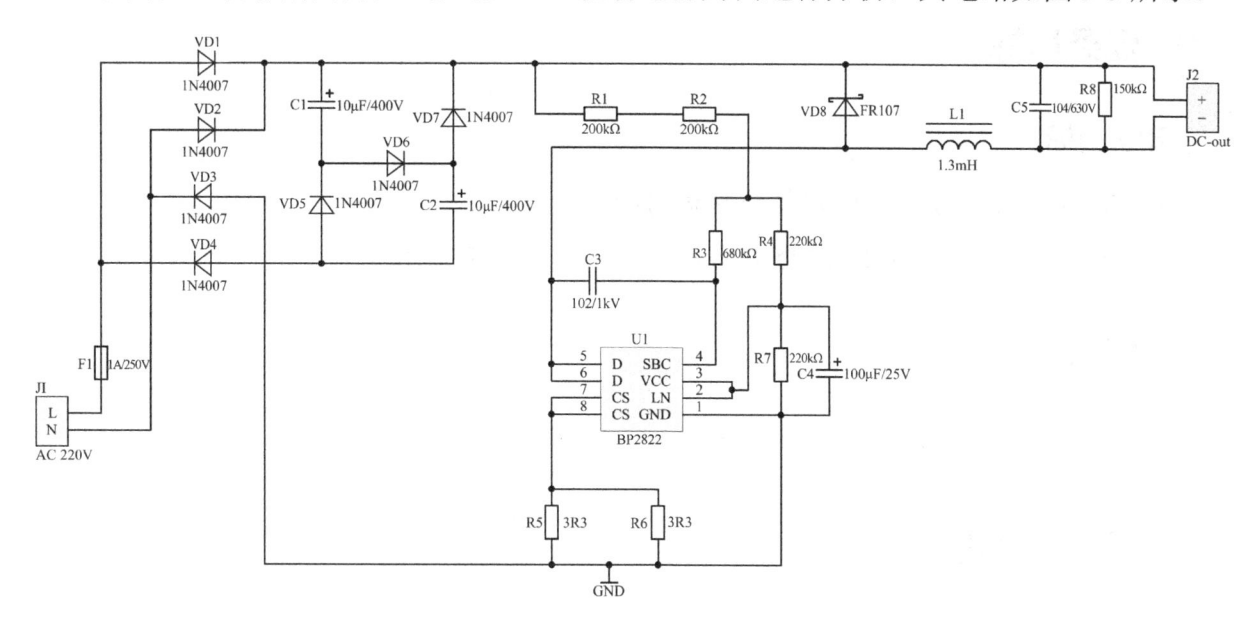

图 3-5 非隔离降压式恒流 LED 驱动电源电路

非隔离降压式恒流 LED 驱动电源的各部分电路的功能如下。

（1）AC 220V 为交流电压输入；整流二极管 VD1～VD4 组成桥式整流电路。

（2）二极管 VD5、VD6、VD7，电容 C1、C2 组成功率因数校正（Power Factor Correction，PFC）电路，用于提高电路的功率因数。

（3）电阻 R1、R2、R3、R4 降压，为 BP2822 供电。

（4）电阻 R7、电容 C4 接芯片 U1 的 GND 引脚，起退耦作用。

（5）电阻 R5、R6 为电流采样，可控制输出电流大小。

（6）电容 C5 为输出滤波电容，电阻 R8 为泄放电阻，在电路断电后释放电容 C5 两端的电压。

思考：LED 开关电源是如何实现稳压的？

任务三 LED 驱动电源常用的拓扑结构及应用

随着 LED 照明技术的发展，LED 驱动电源在不断演进，着重于进一步提升能效、增加功能及提高功率。在不同应用场合，LED 驱动电源有不同的拓扑结构。本任务着重介绍 LED 驱动电源常用的拓扑结构。

LED 技术及应用

任务目标

知识目标

1. 了解 LED 驱动电源常用拓扑结构的种类。
2. 掌握不同拓扑结构的 LED 驱动电源的工作原理及应用场合。

任务内容

LED 驱动电源常用拓扑结构原理及应用。

知识与技能

LED 驱动电源的拓扑结构是指功率变换器的电路结构,也就是 DC/DC 电源变换器的电路结构。不同结构的驱动电源的输出特性不同。隔离式 LED 驱动电源拓扑结构分为正激式和反激式;非隔离式 LED 驱动电源拓扑结构分为升压式、降压式和降压/升压式。

1. 正激式变换器拓扑结构

正激式 DC/DC 电源变换器简称正激式变换器,因其电路中只有一个功率开关管,故又被称为单端正激式变换器、单管正激式变换器。正激式变换器因结构简单、工作可靠、价格低廉被广泛应用于中小功率的开关电源中。

正激式变换器拓扑结构如图 3-6 所示,U_i 为直流输入电压,T 为高频变压器,N_P 为高频变压器初级绕组,N_S 为高频变压器次级绕组,VD1 为输出整流二极管,VD2 为续流二极管,L 为输出滤波电感,C 为输出滤波电容,U_o 为输出电压,VT 为功率开关管。

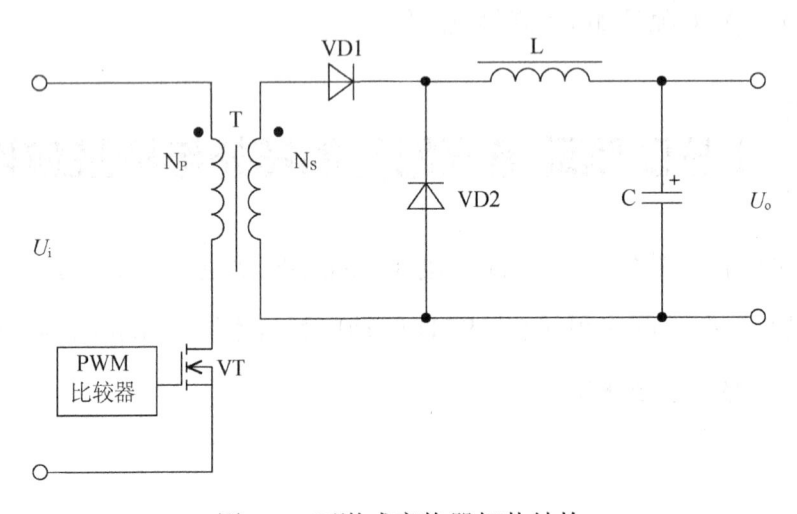

图 3-6 正激式变换器拓扑结构

正激式变换器在功率开关管导通时向负载传输能量。功率开关管由 PWM 比较器控制进行交替地导通和截止。当功率开关管导通时，输入电压 U_i 加在高频变压器初级绕组 N_P 上，高频变压器次级绕组 N_S、复位绕组产生感应电压，此时整流二极管 VD1 导通，续流二极管 VD2 截止，高频变压器次级绕组 N_S 产生的电压为负载供电，同时，部分能量存储在输出滤波电感 L、输出滤波电容 C 上。

当功率开关管 VT 截止时，整流二极管 VD1 截止，续流二极管 VD2 导通，存储在输出滤波电感 L 中的电能经由续流二极管 VD2 构成的回路向负载供电，维持输出电压不变。

正激式变换器的功率开关管损耗小、变压器漏感小、电磁辐射低、波纹系数大，但抗过压能力弱、变压器的初级脉冲电流大。

2．反激式变换器拓扑结构

反激式 DC/DC 电源变换器简称反激式变换器，在功率开关管导通时向变压器初级绕组存储能量，在功率开关管截止时由次级绕组向负载输出能量，因此被称为回扫式变换器。与正激式变换器类似，反激式变换器电路结构简单、成本低、有输入/输出隔离，被广泛应用于小功率的开关电源中。

反激式变换器拓扑结构如图 3-7 所示，U_i 为直流输入电压，T 为高频变压器，N_P 为高频变压器初级绕组，N_S 为高频变压器次级绕组，VD1 为整流二极管，C 为输出滤波电容，U_o 为输出电压，VT 为功率开关管。

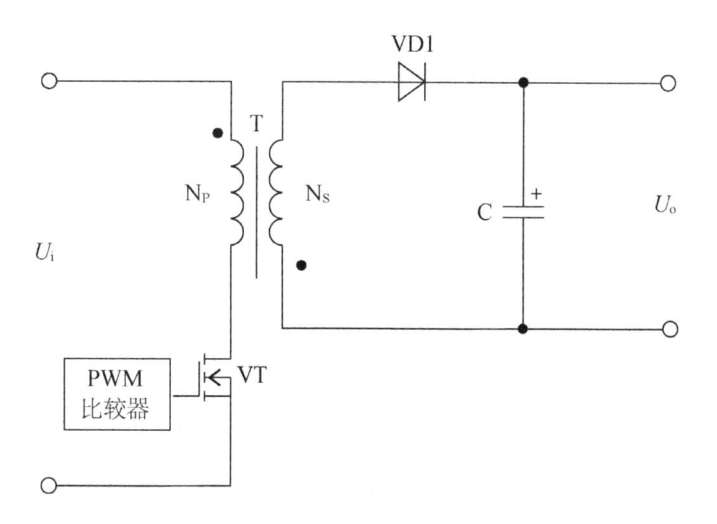

图 3-7　反激式变换器拓扑结构

当功率开关管在 PWM 比较器的控制下导通时，输入电压直接加在高频变压器初级绕组两端，使其有电流通过，并将能量储存在高频变压器初级绕组中；此时高频变压器次级绕组输出电压的极性是上端为负、下端为正，整流二极管截止，没有电流输出。当功率开关管截止时，高频变压器初级绕组电流突然中断，高频变压器次级绕组产生感应电压，对应极性为上端为正、下端为负，整流二极管导通，从而产生次级绕组电流，为负载供电并向输出滤波电容充电，由于开关的频率很高，因此输出电压（也就是输出滤波电容两端的电压）基本维持恒定。

反激式变换器的功率开关管损耗大、变压器漏感大，但抗过压能力强、变压器损耗小、效率高。

3．降压式变换器拓扑结构

降压式 DC/DC 电源变换器简称降压式变换器，又称 Buck 变换器，是 LED 驱动电源中最简单且容易实现的一种变换器。降压式变换器由于能将较高的直流电压变换成较低的直流电压，而且变换过程中的损耗很小、效率很高，因此应用领域广泛。

降压式变换器拓扑结构如图 3-8 所示，U_i 为直流输入电压，VT 为功率开关管，VD1 为续流二极管，L 为输出滤波电感（也称储能电感），C 为输出滤波电容，U_o 为输出直流电压，LED 为外部负载。

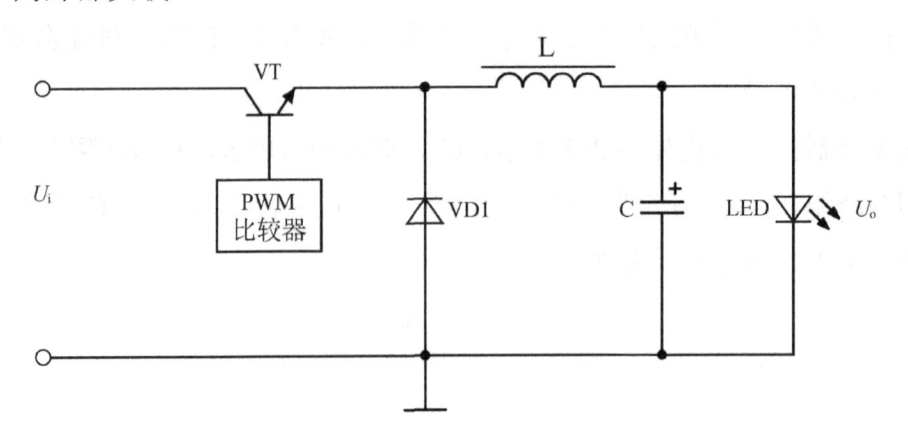

图 3-8　降压式变换器拓扑结构

功率开关管在 PWM 比较器的控制下，交替地导通与截止，当功率开关管导通时，续流二极管 VD1 截止，输入电压 U_i 与输出滤波电感 L 接通，输入电压与输出电压的差值（U_i-U_o）加在电感上，通过电感的电流线性增加，经过输出滤波电感之后为外部负载 LED 供电，同时部分电能储存在输出滤波电感 L 和输出滤波电容 C 上。

当功率开关管 VT 关断时，输出滤波电感 L 与 U_i 断开。由于电感电流不能发生突变，因此在输出滤波电感 L 上产生左负、右正的感应电动势，以维持通过电感的电流不变。此时，续流二极管 VD1 导通，感应电压经过由续流二极管 VD1 构成的回路继续向外部负载 LED 供电，维持输出电压不变。

4．升压式变换器拓扑结构

升压式 DC/DC 电源变换器简称升压式变换器，又称 Boost 变换器，也是 LED 驱动电源经常使用的一种拓扑结构。升压式变换器能将较低的直流电压变换成较高的直流电压，如将 1.5V 或 3.7V 的直流电压变换成 5V 或 12V 的直流电压来驱动设备工作。

升压式变换器拓扑结构如图 3-9 所示，U_i 为直流输入电压，VT 为功率开关管，VD1 为续流二极管，L 为输出滤波电感，C 为输出滤波电容，U_o 为输出直流电压，LED 为外部负载。

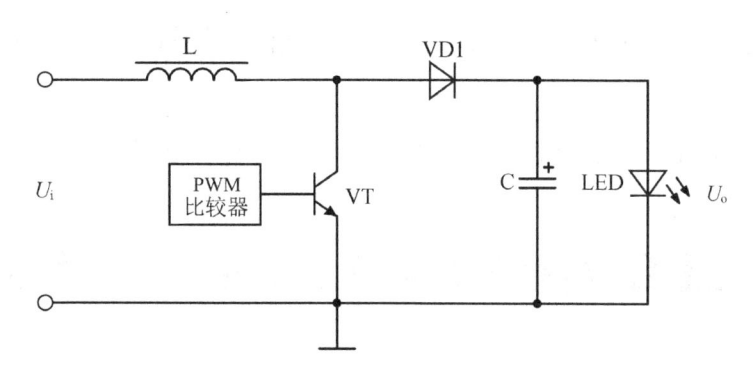

图 3-9　升压式变换器拓扑结构

当功率开关管 VT 在 PWM 比较器的控制下导通时，输入直流电压 U_i 直接加到输出滤波电感 L 的两端，续流二极管 VD1 截止，通过输出滤波电感的电流线性增大，同时，输出滤波电容 C 向负载 LED 放电。当功率开关管 VT 在 PWM 比较器的控制下截止时，由于电感电流不能突变，因此输出滤波电感 L 上产生感应电动势，以维持通过电感的电流不变，电流经过续流二极管 VD1 为外部负载 LED 供电，同时对滤波电容 C 进行充电。

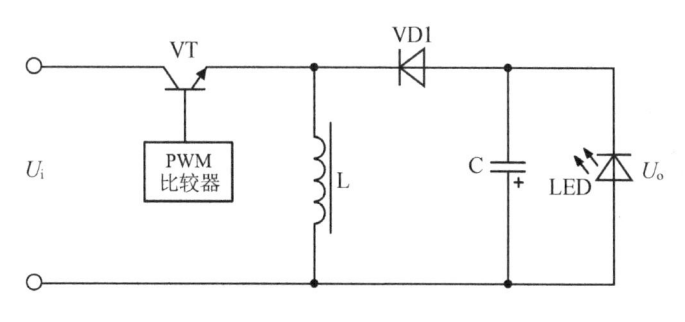

5．降压/升压式变换器拓扑结构

降压/升压式 DC/DC 电源变换器简称降压/升压式变换器，又称 Buck-Boost 变换器，其输出电压可以比输入电压高，也可以比输入电压低。这种变换器由于输出电压与输入电压的极性相反，因此也称为极性反转变换器。

降压/升压式变换器拓扑结构如图 3-10 所示，U_i 为直流输入电压，VT 为功率开关管，VD1 为续流二极管，L 为输出滤波电感，C 为输出滤波电容，U_o 为直流输出电压，LED 为外部负载。

图 3-10　降压/升压式变换器拓扑结构

LED 技术及应用

当功率开关管 VT 导通时，输入电压 U_i 直接加到输出滤波电感 L 的两端，续流二极管 VD1 截止，通过输出滤波电感 L 的电流线性增大，输出滤波电感 L 储存的能量增加；同时，输出滤波电容 C 向外部负载 LED 放电，输出滤波电容 C 的接法为上负、下正，放电时输出滤波电容 C 下端输出正电压。当功率开关管 VT 截止时，由于电感电流不能突变，因此输出滤波电感 L 上产生感应电动势，以维持通过电感的电流不变，电流从输出滤波电感 L 下端流出为外部负载 LED 供电，并通过续流二极管 VD1 回到输出滤波电感 L，同时对输出滤波电容 C 进行充电。

思考：请简述 LED 驱动电源的五种拓扑结构分别有什么特点？

任务四 LED 连接方式与 LED 驱动电源的选配

LED 是敏感的半导体器件，具有负温度特性。在应用过程中，需要考虑 LED 作为负载应当采用何种方式进行连接，以及如何选配合适的 LED 驱动电源，以保证 LED 正常工作。本任务着重介绍 LED 三种连接方式的结构、特点，以及如何选配 LED 驱动电源。

任务目标

知识目标

1. 了解 LED 三种连接方式的结构及特点。
2. 掌握 LED 驱动电源的选配方法。

技能目标

能根据 LED 选配 LED 驱动电源。

任务内容

1. LED 连接方式的结构及特点。
2. LED 驱动电源的选配。

知识与技能

1. **LED 的连接方式**

在实际应用中，LED 的连接形式受多方面影响，如应用要求、电源的输入电压、效率、产品的尺寸及布局等。

1）串联连接

（1）简单串联连接。

图 3-11 所示为 LED 串联连接方式，即将 LED 逐个顺次首尾相连接。连接的 LED 越多，要求 LED 驱动电源输出的电压越高。因为在采用简单串联连接的方式时，流过每个 LED 的电流大小是相同的，所以每个 LED 的亮度一样。当 LED 的一致性差别比较大时，分配到不同 LED 两端的电压会不同。

在串联电路中，若某个 LED 损坏出现开路，则会导致全部 LED 不亮。当某个 LED 出现短路时，若使用的是恒压式 LED 驱动电源，则会导致其他 LED 两端电压升高，电源输出电流增大，其他 LED 容易被损坏；若使用的是恒流式 LED 驱动电源，则其他 LED 仍正常工作，不受影响。

（2）带并联稳压二极管的串联。

在简单串联连接方式中，其中一个 LED 损坏出现开路，会导致所有 LED 不亮，影响使用。带并联稳压二极管的 LED 串联连接方式如图 3-12 所示。为提高可靠性，在每个 LED 上并联一个稳压二极管，稳压二极管的击穿电压高于 LED 的工作电压。在 LED 正常工作时，稳压二极管不导通，电流只从 LED 流过；当某个 LED 故障出现开路时，其两端并联的稳压二极管击穿导通，串联线路中的其他 LED 仍有电流通过，可正常工作。

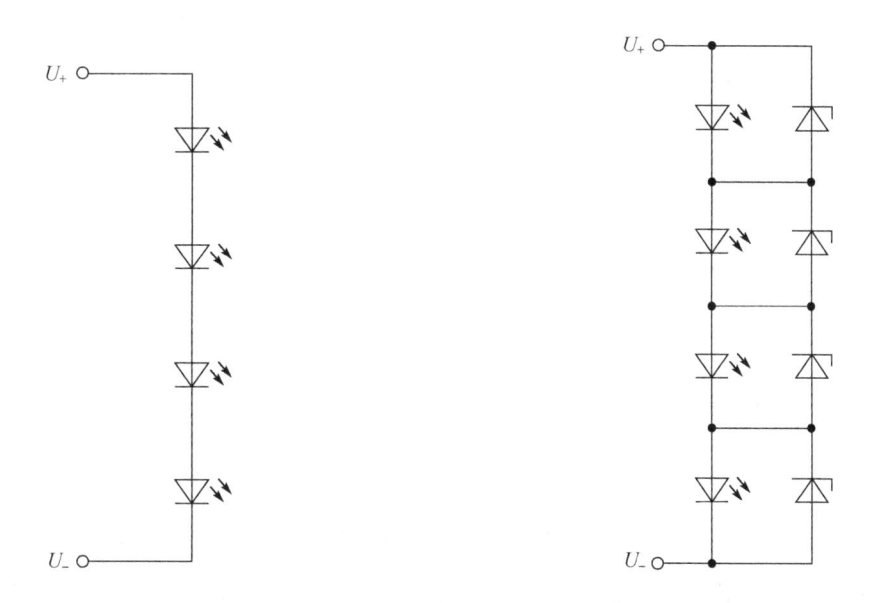

图 3-11　LED 串联连接方式　　图 3-12　带并联稳压二极管的 LED 串联连接方式

2）并联连接

（1）简单并联连接。

LED 并联连接方式如图 3-13 所示，各 LED 的正极与正极相连，同时负极与负极相连。在工作时，以并联连接方式相连的 LED 承受的电压是一样的。当 LED 的一致性较差时，流过每个 LED 的电流是不相等的，电流分配不均可能会缩短流经电流过大的 LED 的寿命。这种连接方式的驱动电源输出电压低，输出电流大小根据并联的 LED 数量不同而不同。

在并联电路中，当某个 LED 损坏出现开路时，若使用的是恒压式 LED 驱动电源，驱动电源输出电流会减少，不影响其他 LED 正常工作；若使用的是恒流式 LED 驱动电源，驱动电源输出电流保持不变，导致分配给其他 LED 的电流增大，容易损坏 LED。若某个 LED 出现短路，则驱动电源输出的所有电流都将加在这个 LED 上，该 LED 因此被损坏，形成开路。

（2）独立匹配的并联连接。

独立匹配的 LED 并联连接方式如图 3-14 所示。采用这种连接方式的 LED 的电流可独自调节，保证流过每个 LED 的电流都在其要求范围内，具有良好的驱动效果。当单个 LED 发生故障时，故障 LED 不会影响其他 LED 的正常工作，同时能匹配具有较大差异的 LED。但采用这种连接方式的驱动电路的结构较复杂，价格高，不适用于应用的 LED 数量较多的电路。

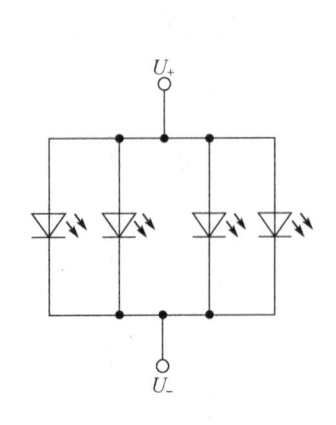

图 3-13　LED 并联连接方式 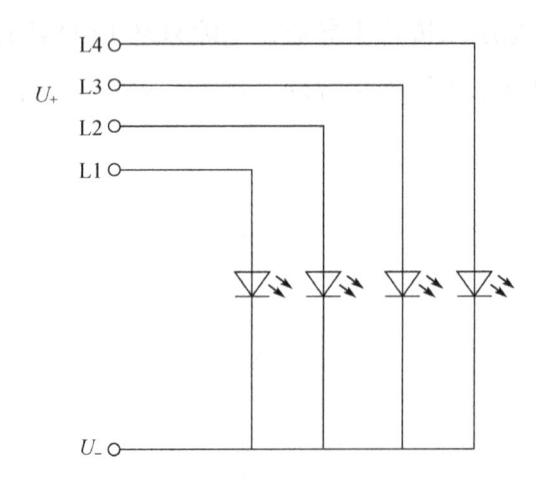　　　　图 3-14　独立匹配的 LED 并联连接方式

3）混联连接

当应用的 LED 数量较多时，简单串联连接方式或者简单并联连接方式都不适用，前者要求驱动电源输出很高的电压，后者要求驱动电源输出很大的电流，这为其设计和制造带来困难，并且还涉及驱动电路的结构问题和总体的效率问题。因此在大多数 LED 产品中，特别是在 LED 照明灯具中，LED 常采用混联连接方式。

（1）先串后并连接。

LED 先串后并连接方式如图 3-15 所示，先将 LED 分组串联，每组 LED 的数量一致，再将各组串联的 LED 并联。采用先串后并连接方式的 LED 保证了与驱动电源的匹配，比简单串联连接方式具有更高的可靠性。整个电路具有结构较简单、连接方便、效率较高等特点，适用于 LED 数量多的应用场合。图 3-15 所示为 3 串 4 并 LED。

当某一组 LED 中有 LED 故障出现短路时，相当于该组连接的 LED 的数量减少，无论使用哪种驱动电源，通过该组 LED 的电流都将增大，对应 LED 容易损坏，最终表现为开路。当有一组 LED 开路后，若使用的是恒压式 LED 驱动电源，则其他组 LED 正常工作，通过的电流不变，不受影响；若使用的是恒流式 LED 驱动电源，则原本通过有故障 LED 组的电流会分配到其他 LED 组。通过其他组 LED 的电流增大，在分配的电流比较大时其他组 LED 会被影响。当并联的 LED 组比较多时，分配的电流不大，不会对其他组 LED 造成大的影响。

（2）先并后串连接。

LED 先并后串连接方式如图 3-16 所示，先将 LED 分组并联，每组 LED 的数量一样；然后将并联成组的 LED 串联。图 3-16 所示为 4 并 3 串 LED。

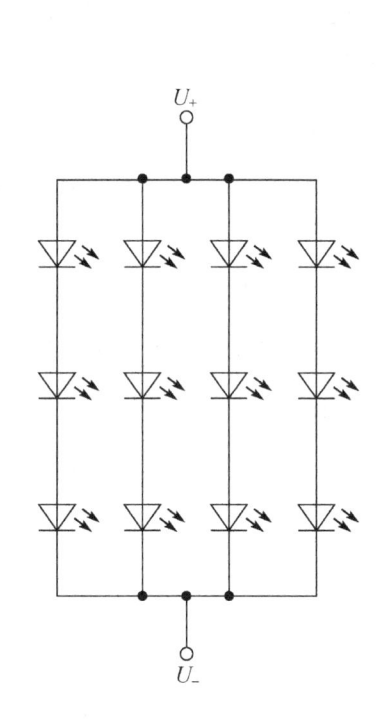

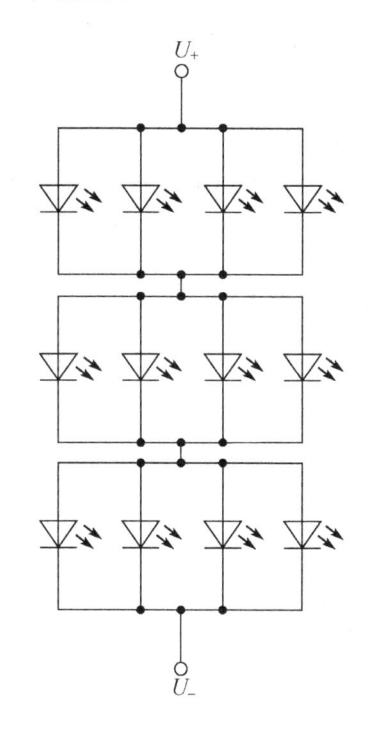

图 3-15　LED 先串后并连接方式　　　　图 3-16　LED 先并后串连接方式

当某个 LED 故障出现短路时，与该 LED 并联的 LED 组会全部不亮。当使用恒流式 LED 驱动电源时，因输出电流不变，不会对其他组 LED 造成影响，电源输出电压降低。值得注意的是，电源输出电流会流过短路的 LED，若电流过大，则该 LED 可能被烧断，形成断路。当使用恒压式 LED 驱动电源时，分配到每组 LED 的电压会增大，流经每组 LED 的电流也会增大，其余 LED 极可能损坏。

若某个 LED 断路，无论使用的是恒压式 LED 驱动电源还是恒流源，该组每个 LED 分配到的电流都会增大，该组 LED 容易被损坏。

2. LED 驱动电源的选配

LED 本身的负载特性大大影响了电源驱动它的可靠性。在一定的区间内，LED 两端的电压升高，通过该 LED 的电流呈指数式增长。也就是说，当加在 LED 两端的电压稍微有波动时，其两端的电流就会剧烈变动，因此优先考虑使用恒流式驱动电源作为 LED 驱动电源。若选配的 LED 驱动电源输出不稳定，如容易受电网干扰，或者输出的电压、电流与 LED 不匹配，则会导致 LED 损坏。

LED 驱动电源的选配步骤如下。

第一步是明确灯珠的参数：主要参数有工作电流、工作电压。可以通过查阅相关资料、文档获取相关参数。

第二步是了解 LED 灯珠的连接方式：若是照明灯具，则一般在灯盘上会标明 XBXC 或 XCXB，其中，X 是数字，B 代表并联的数量，C 代表串联的数量，如 3B4C 指的是 3 并 4 串。若灯盘没有标注信息，则可以通过数字万用表进行测量。先使用数字万用表的二极管挡测量 LED 灯珠两端，若有多颗 LED 灯珠被点亮，则是先并联，有几颗 LED 灯珠被点亮就表明有几颗 LED 灯珠是并联的，之后测量有几组；若测得的 LED 灯珠只有一颗被点亮，则是先串联，再使用蜂鸣挡测量 LED 灯珠的连接情况。

第三步是计算 LED 所需电压、电流：例如，使用的 LED 灯珠的工作电流为 20 mA，工作电压为 3.0V，连接形式为 3 并 4 串，可算得总电流为 20mA×3=60mA，电压为 3.0V×4=12V。

第四步是选配 LED 驱动电源：对于 LED 已经明确的情况，一般都选用恒流式 LED 驱动电源。这里选择输出电流为 60mA，允许一定范围的偏差，电压范围包含 12V 的恒流式 LED 驱动电源。

任务实施

LED 吸顶灯是常见的家用灯具，熟悉检测灯具是工程师必备的技能。下面以 LED 吸顶灯的驱动电源选配为例进行说明。

1. 实训器材（见表 3-1）

表 3-1 LED 驱动电源选配材料

名 称	型 号
LED 吸顶灯灯盘	直径 130mm，24W

续表

名　　称	型　　号
LED 驱动电源	INPUT：AC 175～260V　50/60Hz OUTPUT：DC 42～125V　300(1±5%)mA
LED 驱动电源	INPUT：AC 95～265V　50/60Hz OUTPUT：DC 42～125V　240(1±10%)mA
LED 驱动电源	INPUT：AC 95～265V　50/60Hz OUTPUT：DC 12～26V　300(1±5%)mA

2．实训安全与要求

（1）实训设备若需上电，则插在隔离变压器输出端；测量设备若需上电，则插在市电输出端。

（2）实训设备上电前，须做好检查，确保设备连线正确。

（3）严格按照实训室操作规程进行实训，并在指导老师的指导下进行。

（4）完成任务后，切断电源并清理工作区域，待指导教师检查无误后方可离开现场。

3．实训过程

（1）灯珠参数。

灯盘使用的 LED 灯珠参数如表 3-2 所示。

表 3-2　灯盘使用的 LED 灯珠参数

LED 灯珠型号	2835
电　压	3.0～3.3V
电　流	60mA
功　率	0.2W
色　温	6000～6500K
尺　寸	2.8 mm×3.5mm

（2）灯盘 LED 的连接方式。

图 3-17 所示为 LED 吸顶灯灯盘实物图。灯盘丝印信息为 2835-5B24C，表示 LED 灯珠的型号为 2835，使用的连接方式为 5 并 24 串。也可以通过万用表测量，来确定 LED 的连接方式。

（3）相关参数计算。

在先并后串的 LED 中，工作电流为单个 LED 工作电流×每组并联的 LED 数量；工作电压为单个 LED 的电压×串联的 LED 组数。

因此，LED 灯盘工作电流为 60mA×5=300mA；LED 灯盘工作电压为单个 LED 工作电

LED 技术及应用

压×24（串），范围为 72～79.2V。

（4）LED 驱动电源选配。

由于 LED 的特性，在选用 LED 驱动电源时要优先考虑恒流式 LED 驱动电源。LED 驱动电源实物图如图 3-18 所示，图中显示了 LED 驱动电源输入和输出的电参数信息，"INPUT：AC95-265V 50/60Hz"是指驱动电源输入频率为 50Hz 或 60Hz，电压为 95～265V 的交流电；"OUTPUT：DC12-26V 300mA±5%"是指驱动电源输出 300mA 的直流电，误差范围为±5%，负载的工作电压范围为 12～26V，该驱动电源为恒流输出。

图 3-17　LED 吸顶灯灯盘实物图 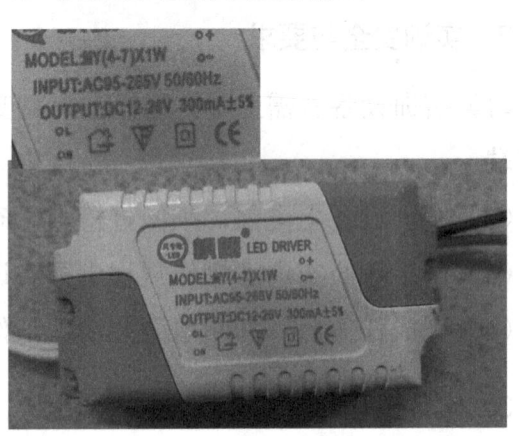　　　图 3-18　LED 驱动电源实物图

根据灯盘的工作电流和工作电压信息，选择匹配的 LED 驱动电源，这里选择的 LED 驱动电源型号为 INPUT：AC 175～260V 50/60Hz，OUTPUT：DC42～125V 300(1±5%)mA，满足 300mA 的输出电流，72～79.2V 的输出电压。

思考：为什么 LED 灯具一般选用恒流式 LED 驱动电源来供电？

任务五　阻容降压驱动器的设计

阻容降压驱动器具有体积小、电路结构简单、成本低等优点，适用于小功率、小电流、可靠性要求不是特别高的负载，特别是小功率 LED 产品、小家电、温控器等。

任务目标

知识目标

1. 理解阻容降压驱动器的工作原理。
2. 掌握阻容降压驱动器的电路构成。
3. 掌握阻容降压驱动器的电路设计。

项目三　LED 驱动电源设计

任务内容

阻容降压驱动器的工作原理、电路构成及电路设计。

知识与技能

1. 阻容降压驱动器的工作原理

阻容降压电路是一种利用电容在一定频率的交流信号下产生的容抗来限制最大工作电流的电路。电容在电路上起限制电流和动态分配电容和负载两端的电压的作用。

阻容降压电路由降压电容 C1 与负载电阻 R1 组成，如图 3-19 所示。电容具备通交流、隔直流，通高频、阻低频的特性。电容连接在交流电路中，会产生容抗。在阻容降压电路中电容和负载电阻串联分压，分配到负载电阻的电压减少，从而实现降压。

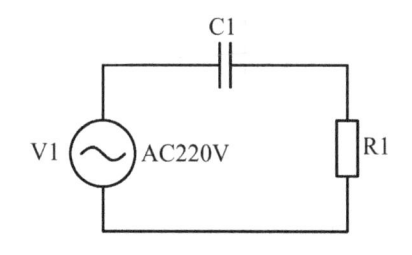

图 3-19　阻容降压电路图

交流电通过电容，虽然有容抗但没有能量消耗，只存在电能交换，这也是阻容降压电路被广泛应用的原因之一。

2. 阻容降压 LED 驱动电路

1）简单阻容降压 LED 驱动电路

图 3-20 所示为简单阻容降压 LED 驱动电路。该电路由并联的电阻 R1、电容 C1、反向并联的 LED1 和 LED2 及电阻 R2 构成，在利用电容降压的同时，利用 LED 的单向导电性，即导通发光工作，替代整流二极管起到整流作用，被广泛应用于小夜灯、指示灯等场合。

2）带桥式整流滤波的阻容降压 LED 驱动电路

图 3-21 所示为带桥式整流滤波的阻容降压 LED 驱动电路。该电路包含降压模块、整流模块、滤波模块。

电容 C1 和电阻 R1 组成降压模块，电容 C1 的作用是降压和限流。

电阻 R1 为泄放电阻，作用是在断电后为电容 C1 提供放电回路，防止电源插头在拔出后接触到人体产生伤害，同时防止在快速插拔电源插头或插头接触不良时电容 C1 上的残余电压和电网电压叠加对后续器件形成高压冲击。

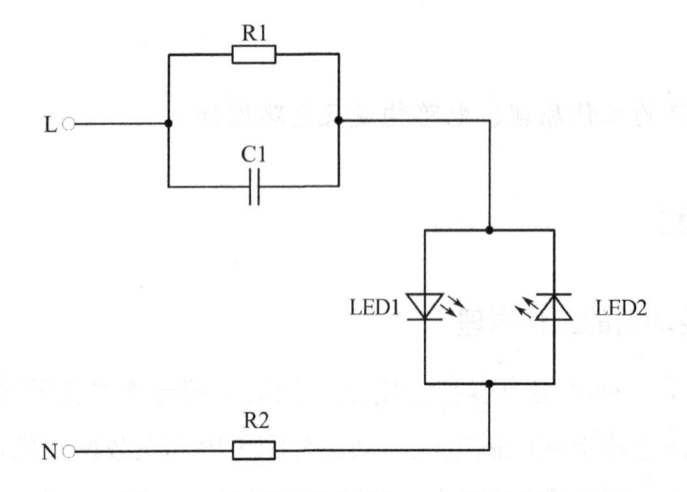

图 3-20 简单阻容降压 LED 驱动电路

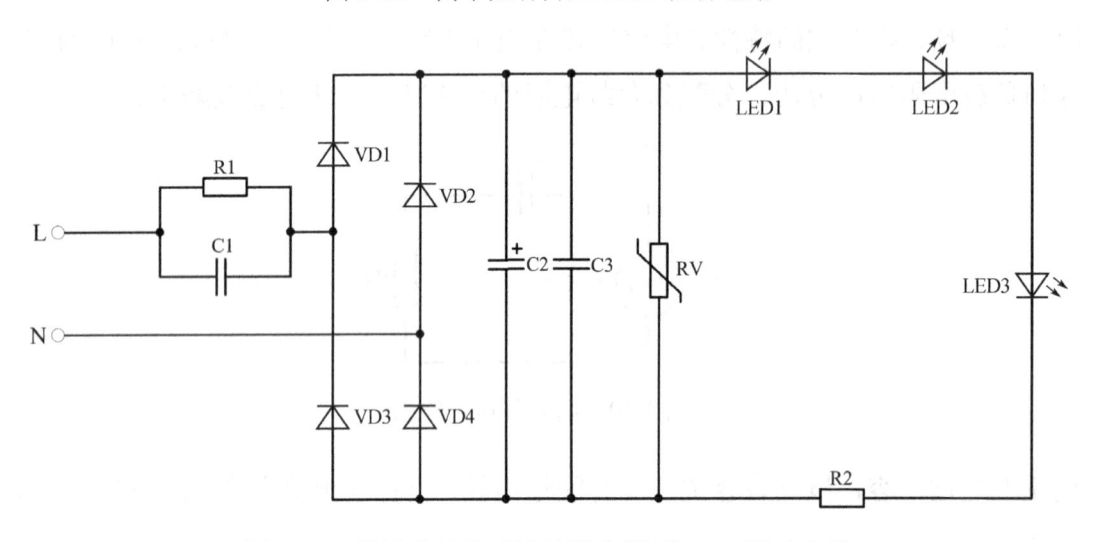

图 3-21 带桥式整流滤波的阻容降压 LED 驱动电路

VD1~VD4 为整流二极管，也可以使用整流桥堆，起整流作用，将交流电转变成脉动直流电。

C2、C3 为滤波电容，作用是将整流后的脉动直流电转换成平滑的直流电。

RV 为压敏电阻，当输入电源出现瞬间的脉冲高压时能够对地泄放，避免负载因瞬间高压被损坏。

R2 为限流电阻，作用是避免电路输出电压波动对 LED 产生较大影响。

3）带桥式 SCR 保护的阻容降压 LED 驱动电路

图 3-22 所示为带桥式 SCR 保护的阻容降压 LED 驱动电路。该电路在图 3-21 所示的电路的基础上增加了由电阻 R3、SCR（Silicon Controlled Rectifier，可控硅整流器）组成的保护电路，当流过 LED 的电流大于设定值时，SCR 导通，对电路进行分流，使 LED 在稳定的电流下工作。与如图 3-21 所示的电路相比，图 3-22 所示的电路更稳定、可靠，适合

于要求较高的工作场合。

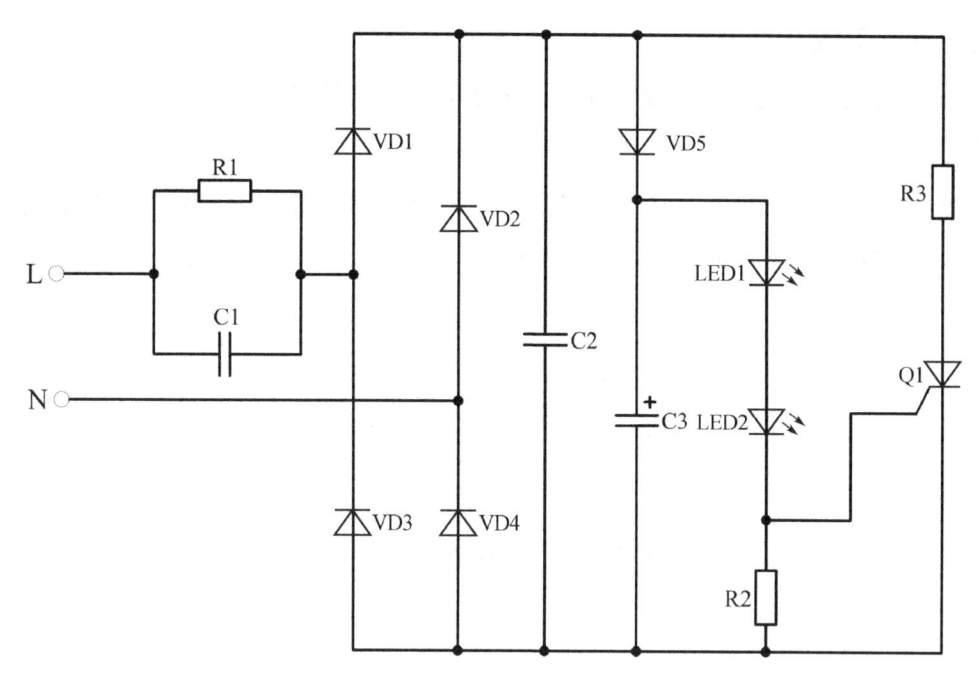

图 3-22 带桥式 SCR 保护的阻容降压 LED 驱动电路

4）带桥式整流复合滤波的阻容降压 LED 驱动电路

图 3-23 所示为带桥式整流复合滤波的阻容降压 LED 驱动电路。该电路在图 3-21 所示电路的基础上增加了电源输入初级滤波电路，以滤除输入的瞬间高压，构成双重滤波保护。

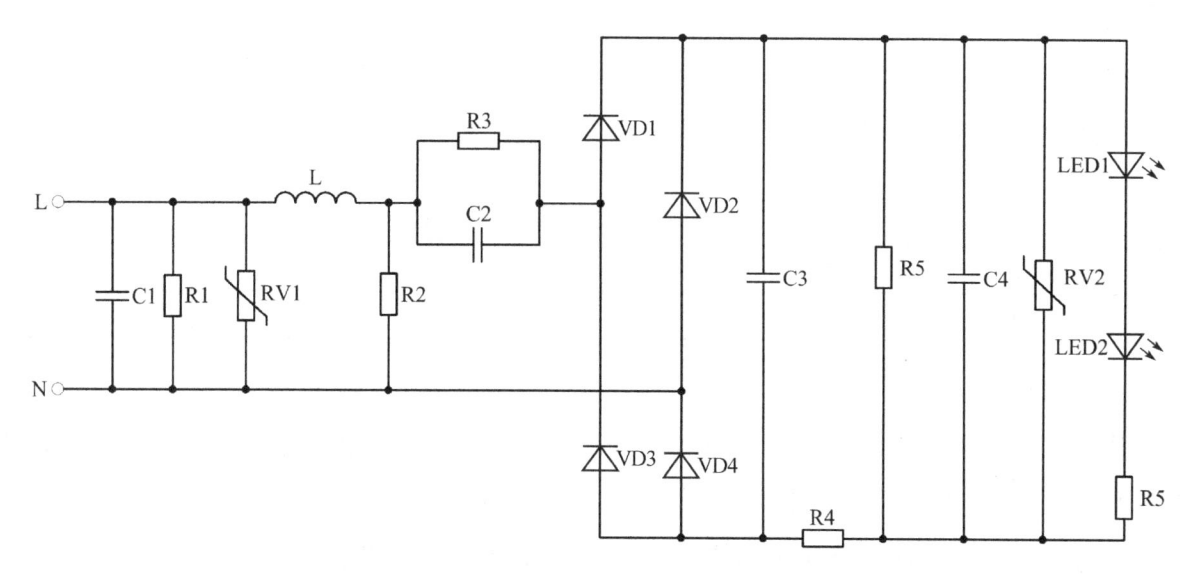

图 3-23 带桥式整流复合滤波的阻容降压 LED 驱动电路

3. 阻容降压驱动器的电路设计

阻容降压电路只适用于驱动非容性或感性的固定负载，也就是说当负载是动态变化，或者是容性/感性负载时，不适合使用阻容降压驱动器驱动。同样，阻容降压驱动器不能用于驱动大功率的负载。

以带桥式整流复合滤波的阻容降压电路设计为例进行介绍。

1）选择降压电容

降压电容工作在交流电压下，需要采用无极性电容，绝对不能使用电解电容，当输入电源为220V、50Hz的市电时其耐压值需要超过400V，可以选择涤纶电容或纸介电容。

电容的电容值是根据负载的电流大小和输入交流电的工作电压、频率确定的，不是依据负载的电压和功率确定的。电容容抗的计算公式为

$$X_C = 1/2\pi f C$$

式中，X_C为电容的容抗；f为输入交流电源的频率；C为电容的电容值。通过电容的电流可近似为

$$I = U/X_C$$

式中，U为输入电源电压。

在220V、50Hz的交流电路中，当负载电压远小于220V时，电流和电容的关系为

$$I = 69C$$

式中，电流的单位为mA；电容的单位为μF。

2）选择泄放电阻

在选取泄放电阻的阻值时要考虑降压电容的大小，电容容量越大，残存的电荷越多，选择的泄放电阻的阻值越小。泄放电阻选型参考表如表3-3所示。

表3-3　泄放电阻选型参考表

降压电容 C1/μF	0.47	0.68	1	1.5	2
泄放电阻 R1/Ω	1 M	750k	510k	360k	200k~300k

3）选择其他元件

整流二极管可选用1N4007；滤波电容可选用10μF以上的钽、铝电解电容，耐压值大于1.2倍的负载电压即可；保护环节元器件除压敏电阻外，还可以选用稳压二极管。

思考：在阻容降压电路中降压电容为什么需要并联一个电阻？

考核

任务考核内容		标准分值	自我评分分值×50%	教师评分分值×50%
专业知识与技能	任务计划阶段			
	实训任务要求	10		
	任务执行阶段			
	LED 驱动电源的种类	10		
	LED 驱动电源结构、工作原理	10		
	LED 连接方式	10		
	阻容降压驱动器的电路结构、工作原理	10		
	任务完成阶段			
	LED 驱动电源的选配	25		
职业素养	规范操作（安全、文明）	10		
	学习态度	5		
	合作精神及组织协调能力	5		
	交流总结	5		
合计		100		

学生心得体会与收获：

教师总体评价与建议：

教师签名：　　　　日期：

思考与习题

1．填空题

（1）LED 驱动电源根据驱动方式可以分为_____和_____。

（2）输入电源通过升降压后直接加在 LED 上的驱动电源为_____驱动电源。

（3）LED 驱动电源常用拓扑结构包括正激式变换器拓扑结构、反激式变换器拓扑结构、_____、_____和_____。

（4）LED 的连接方式包括串联、并联及_____。

2．简答题

简述阻容降压驱动器的工作原理。

项目四

LED 照明灯具装配

项目四 LED 照明灯具装配

项目目标

1. 认识常见 LED 照明灯具的结构和种类。
2. 理解常见 LED 照明灯具的组成原理。
3. 掌握常见 LED 照明灯具的装配方法。

思政目标

1. 引导学生提升职业素养,逐步养成规范操作的习惯。
2. 培养学生的节能环保意识,使学生深刻领悟绿色低碳的意义。
3. 弘扬社会主义新时代的工匠精神,增强学生对民族品牌的信心。

LED 照明技术是人类照明史上的第二次革命。LED 照明灯具的光效是节能灯的 5 倍,是白炽灯的 20 倍。目前,我国 LED 照明核心器件已经实现国产化,使用率约为 50%。经过近 20 年的发展,我国 LED 照明技术实现了从无到有、从弱到强的飞跃。如今我国已成为全球最大的 LED 照明产品的制造、消费和出口国。

与传统灯具相比,LED 照明灯具具有寿命长、节能环保等优点,将在实现"双碳"目标中发挥重要作用。

LED 室内照明灯具包括 LED 球泡灯、LED 面板灯、LED 日光灯、LED 吸顶灯、LED 筒灯、LED 射灯、LED 灯带等,结构种类繁多,不仅节能环保,还可以美化室内环境,创造舒适优美的灯光效果。

任务一 LED 球泡灯的装配

LED 球泡灯采用的是灯泡外形,内部光源使用的是 LED 灯珠。LED 球泡灯由于具备所有 LED 灯具的优点,即节能环保、寿命长、无频闪,因此在民用市场中被广泛应用。

任务目标

知识目标

1. 掌握 LED 球泡灯的组成。

LED 技术及应用

2. 了解 LED 球泡灯的种类与优点。
3. 掌握 LED 球泡灯的装配方法。

技能目标

能装配 LED 球泡灯。

任务内容

1. LED 球泡灯的结构和各组成部件的作用。
2. 装配 LED 球泡灯。

知识与技能

LED 球泡灯是替代传统白炽灯的新型节能灯具。传统白炽灯能耗高、寿命短，在全球资源紧张的大环境下，已逐渐被禁止生产，其替代产品是电子节能灯。电子节能灯虽然具有节能的特点，但在制造过程中使用了诸多污染环境的重金属元素，有悖于环境保护的大趋势。随着 LED 技术的高速发展，LED 逐渐成为新型绿色照明灯具的不二之选。LED 在发光原理、节能环保层面远优于传统照明产品。

1. LED 球泡灯介绍

白炽灯及电子节能灯在人们的日常使用中占据非常高的比例，同时市民使用最多的是球形灯泡。因此，为了减少浪费，LED 照明灯具制造厂商开发了符合现有接口和人们使用习惯的 LED 球泡灯，人们在不需要更换传统灯具基座和线路的情况下就可使用新一代的 LED 照明产品。

为了符合人们的使用习惯，LED 球泡灯不仅采用了现有的接口方式，即螺口、插口方式，还模仿了白炽灯的外形。基于 LED 的单向性发光原理，设计人员在灯具结构上做了更改，使得 LED 球泡灯的配光曲线基本与白炽灯的点光源性趋同。

基于 LED 的发光特性，只有 LED 球泡灯的光源、驱动电路、散热装置等结构共同配合才能实现低能耗、长寿命、高光效且环保的目的。

2. LED 球泡灯的结构

（1）常见 LED 球泡灯的外形。

LED 球泡灯的外形有很多样式。常见的几种 LED 球泡灯的外形如图 4-1 所示。

图 4-1 常见的几种 LED 球泡灯的外形

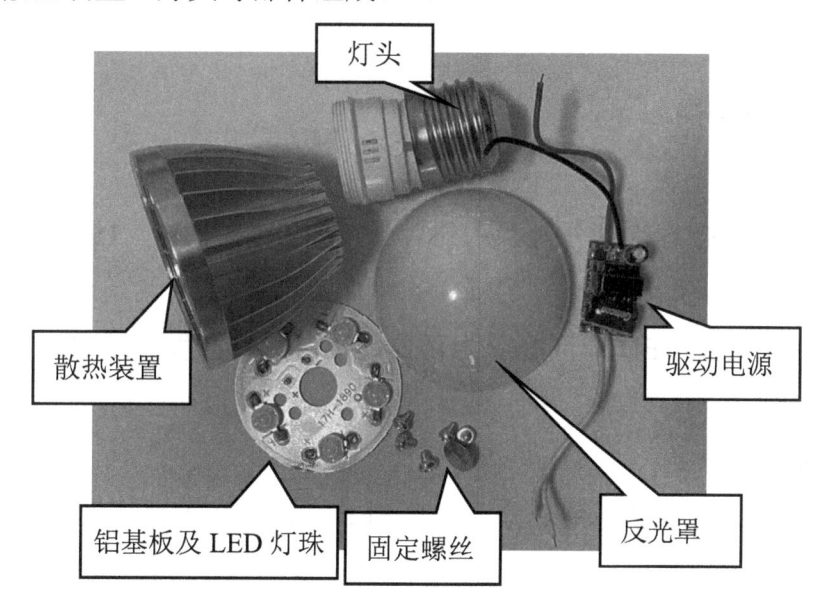

（2）LED 球泡灯的组成。

LED 球泡灯的组成如图 4-2 所示。LED 球泡灯主要由驱动电源、反光罩、铝基板及 LED 灯珠、散热装置、灯头等部件组成。

图 4-2 LED 球泡灯的组成

① 驱动电源。

目前大多数 LED 驱动电源为内置电源。LED 驱动电源采用的是完全隔离式设计，具有过压保护、过流保护、短路保护等功能，安全可靠。

② 反光罩。

反光罩是采用具有高透光率的 PC 材料制成的，透光率超过 95%，照度均匀性良好，对眼睛无刺激性。反光罩主要起均匀光照亮度的作用。

③ 铝基板及 LED 灯珠。

LED 灯珠主要起照明的作用，一般由多颗大功率型 LED 组成。通常利用 PCB 对 LED 进行电气连接。LED 球泡灯的 PCB 大多是由铝基板制作而成的。

④ 散热装置。

LED 的散热装置非常重要，能够防止光效下降、寿命缩短。大多数 LED 制造商采用的是铝合金铸件制造的散热装置，如图 4-3 所示。散热装置的加工工艺通常为有机加工及

LED 技术及应用

模具成型等方式。散热装置通过镂空导热设计，加大了导热面与空气的接触面积，LED 灯珠与铝基板的接触面采用散热膏粘接，实现了良好的散热和导热性能。

有的 LED 照明灯具的沟道深度从下到上逐渐递增，有的则上下基本等深。散热装置的表面积越大，散热性能越好。在外形尺寸有限的情况下，加大沟道深度是增加散热表面积的方法之一，但随着沟道深度的增加，电源电路底板、树脂壳等部位的内部安装空间会逐渐减小。

图 4-3 散热装置

⑤ 灯头。大多数厂家生产的 LED 球泡灯的灯头接口可以灵活更换为 E27、E26、E14 等不同规格的灯头，安装简便。

3. LED 球泡灯的种类

（1）根据功率分类。

根据功率，可将 LED 球泡灯分为 3W、5W、7W、9W、12W、15W、18W 等。

（2）根据发光亮度分类。

根据发光亮度，可将 LED 球泡灯分为正白、暖白两种亮度。正白 LED 亮度高，暖白 LED 亮度低。

（3）根据发光颜色分类。

根据发光颜色，可将 LED 球泡灯分为白光 LED、红光 LED、蓝光 LED、绿光 LED、黄光 LED 等。

（4）根据外形分类。

根据外形，可将 LED 球泡灯分为蘑菇形、香蕉形、蜡烛形等。

（5）根据接口分类。

根据接口，可将 LED 球泡灯分为 E27、E14 等规格。

4. LED 球泡灯的优点

随着节能环保理念逐渐深入人心，LED 球泡灯得到广泛青睐，被广泛应用于社会生产和居民生活。LED 球泡灯的主要优点如下。

（1）节能环保。

随着 LED 照明技术的高速发展，LED 球泡灯的节能效果越来越好。白光 LED 球泡灯的能耗为白炽灯的 1/10，为电子节能灯的 1/4。同时，LED 球泡灯不含汞等有害物质，可回收利用，节能环保。

（2）电气隔离。

LED 驱动电源由电压较高的交流市电网供电，但是 LED 工作在较低的安全电压下，因此需要在二者间做电气隔离，以符合安全规范，避免触电事故的发生。

（3）寿命长。

LED 球泡灯的寿命长达 5 万小时，是节能灯的 5～10 倍。LED 球泡灯采用的是高度可靠的先进封装工艺——共晶焊，能充分保障 LED 球泡灯的超长寿命，对普通家庭照明而言，可谓"一劳永逸"。电源寿命是决定 LED 球泡灯寿命的根本因素，电源品质是决定 LED 球泡灯品质的关键。

（4）光效高、发热少。

LED 球泡灯采用的是 PWM 恒流技术，电源采用的是内置形式，与 LED 灯珠相邻，电源与 LED 芯片发出的热量会叠加在一起，共同影响 LED 球泡灯的工作温度，因此 LED 球泡灯光效高、发热少，恒流精度高。

（5）电流脉动幅度小。

电流脉动幅度小不仅有利于提高照明光线的质量，还有利于延长组件寿命，从而延长 LED 球泡灯的寿命。

（6）功率因数高。

提高 LED 驱动电源的功率因数，可以提高电网设备的电能利用效率，减少电网的无效损耗，从而提高电能利用效率。

（7）电流脉动频率高。

电流脉动频率高说明当 LED 球泡灯工作在高速状态时，不会让人眼察觉到灯光的频闪，消除了传统光源频闪引起的视疲劳。当然，优质的 LED 球泡灯是没有大幅度电流脉动的。

（8）成本低。

由于 LED 球泡灯在结构上比白炽灯复杂，因此即使在大规模生产的情况下，LED 球泡灯的价格也高于白炽灯。但随着规模生产的展开，LED 球泡灯的价格在不断降低。同时，随着 LED 技术日新月异的进步，LED 球泡灯的光效正在取得惊人的突破。即使购买 LED 球泡灯的价格较高，但在长时间使用后其成本要低于白炽灯和节能灯。

（9）体积小、安装方便。

因为 LED 球泡灯的电源一般是一体式内置电源，所以其体积小。LED 球泡灯采用了通用标准头，可直接替换白炽灯等，安装方便。

（10）保护功能。

为符合安全规范，LED 球泡灯一般具有过温度、过电流和开路保护等保护功能。多重保护功能可避免触电事故的发生。

（11）安全健康。

LED 球泡灯以 LED 作为光源，配以专业的散热结构，工作时温度很低（40～60℃），

LED 技术及应用

即使抓在手上也不会被烫伤。LED 球泡灯的灯壳使用的材料是 PC/亚克力,灯罩使用的材料是亚克力,即使破碎也不易造成割伤。同时光源部分使用的是抗震耐摔的特殊材料。由于 LED 球泡灯工作时的光谱没有 IR(红外线)和 UV(紫外线)辐射,因此在使用时对健康没有影响。

5. LED 球泡灯的技术特征

LED 球泡灯在电气方面有许多技术特征,具体如下。

(1)LED 球泡灯的外壳是由阻燃防静电绝缘 ABSO 材料与玻璃制成的,有良好的抗震作用。

(2)高亮度 LED 的色彩鲜丽、色泽纯正、混色均匀、显色性好、无光斑。

(3)LED 球泡灯的工作电压为 110V、220V,客户可根据实际需要来选择。

(4)LED 球泡灯的响应时间短,不会因为环境温度变化而变化。

(5)LED 球泡灯的灯头可按客户要求定制。

任务实施

本任务主要是完成 LED 球泡灯的装配。

1. 实训器材(见表 4-1)

表 4-1 LED 球泡灯装配材料清单

材料名称	数　　量	规格或型号
数字万用表	1 个	VC890D
LED 灯珠	5 颗	1W
铝基板	1 块	3W-50mm
LED 驱动电源	1 个	—
散热器	1 个	—
灯头	1 个	—
反光罩	1 个	—
导线	若干	—
电烙铁	1 把	—
焊锡	若干	—
硅脂	适量	—
螺钉旋具	1 把	十字
热塑管	适量	—
热风枪	1 把	—

2. 实训安全与要求

（1）在焊接过程中，注意安全，避免烫伤。

（2）在实训过程中，注意用电安全，在指导教师的指导下进行操作。

（3）在LED球泡灯的装配过程中，要正确辨别LED灯珠的正、负极，切勿装反。装配完毕后，必须认真检查，确认无误后方可调试。

（4）完成任务后，切断电源并清理工作区域，待指导教师检查无误后方可离开现场。

3. 实训过程

下面介绍装配LED球泡灯的具体操作过程。

（1）装配LED灯珠。

① 检测LED灯珠的性能。

使用数字万用表的蜂鸣挡检测LED灯珠是否能正常发光，避免因为LED灯珠损坏而返工检修。检测LED灯珠如图4-4所示。

② 检测铝基板的性能。

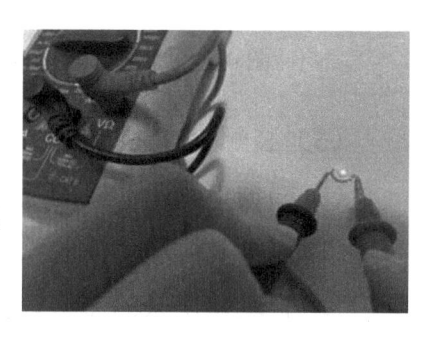

图4-4 检测LED灯珠

使用数字万用表的蜂鸣挡检测铝基板表面的覆铜及焊接点与铝基板散热面是否有短路现象。如果有，就有漏电或短路的危险，一定要先排除此类问题，不能在装配完成后再检查。

③ 涂敷散热硅脂。

为了使焊接在铝基板上的LED灯珠在工作时能将热量更快地散发至铝基板，在焊接LED灯珠前要先在底部涂敷导热性能良好的硅脂。涂敷的硅脂要适量，以免影响LED灯珠的焊接。

④ 上锡。

在铝基板的各个焊脚点均匀镀上一层薄的焊锡，以便焊接LED灯珠。需要注意的是，所镀焊锡不要过多，以免影响LED灯珠的焊接。焊锡过多容易使LED灯珠焊接不平。

⑤ 焊接LED灯珠。

将经过检测后的性能良好的LED灯珠正确焊接在铝基板上。在焊接时要注意LED灯珠上的正、负极的标志，正确辨别正、负极，以免造成正、负极极性焊接错误。LED灯珠焊接效果如图4-5所示。

⑥ 检测。

完成LED灯珠焊接后，一定要仔细检查LED灯珠的焊接质量，检查焊点是否饱满有光泽，是否存在漏焊现象，是否有过温焊接造成的焊脚翘起现象，以及是否有焊锡过多造成的短路现象，以保证焊接质量。

LED 技术及应用

（2）装配灯板。

将铝基板对准散热器的接触面，用 5 颗螺丝钉进行固定。灯板装配效果如图 4-6 所示。

图 4-5　LED 灯珠焊接效果　　　　图 4-6　灯板装配效果

（3）装配 LED 驱动电源。

① 根据电源驱动板的宽度选取尺寸合适的热塑管。

② 根据电源驱动板的长度裁剪长度适合的热塑管。

③ 把裁剪出来的热塑管套在电源驱动板上。

④ 用热风枪对着热塑管吹，加热热塑管，使热塑管紧紧套在电源驱动板上。

⑤ 将电源驱动板放入散热器的底部，并将标有正、负极性标志的连接导线从穿线孔伸出，并焊接在焊有 LED 灯珠的铝基板上。注意正、负极焊接正确。

（4）装配灯头。

灯头装配步骤如图 4-7 所示。

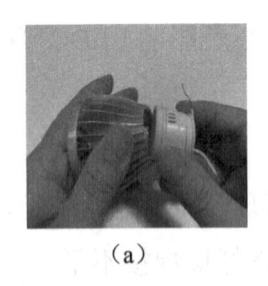

(a)　　　　(b)　　　　(c)

图 4-7　灯头装配步骤

① 把灯头塑料壳安装在散热器的末端，如图 4-7（a）所示。

② 将 LED 驱动电源上用于接 220V 交流电的导线从塑料内壳拉出来，两条线剥去一些绝缘部分，将其中一条沿着塑料外壳上的凹槽缠绕，将另外一条从灯头金属内壳底部孔位拉出，再将灯头金属外壳旋进塑料外壳，直到旋紧，如图 4-7（b）所示。

③ 将从灯头金属内壳底部孔位拉出的导线缠绕在导电钉上，用力把导电钉按进灯头，如图 4-7（c）所示。

（5）装配反光罩。

装好灯头后，将 LED 球泡灯拧到反光罩上就装配完成了。LED 球泡灯装配完成效果如图 4-8 所示。

（6）检测调试。

接上电源，检测 LED 球泡灯的发光效果。LED 球泡灯发光效果如图 4-9 所示。

图 4-8　LED 球泡灯装配完成效果　　　　图 4-9　LED 球泡灯发光效果

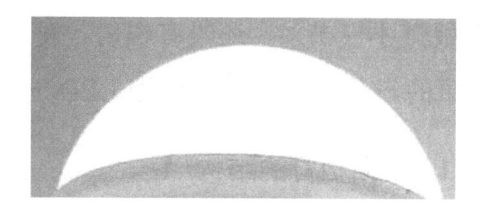

思考： 在焊接 LED 灯珠前，为什么要在铝基板底部涂敷硅脂？

任务二　LED 面板灯的装配

LED 面板灯是一款比较高档的室内照明灯具，它的照度均匀性好，光线均匀柔和、舒适且不失明亮，可以有效缓解视疲劳。LED 面板灯的设计既可以美观简洁，又可以大气豪华；可以安装在天花板、墙壁等地方；既有良好的照明效果，又有装饰的艺术体现，同时能给人带来美的感受，因此被广泛应用于医院、学校、商场、家居等场所。

任务目标

知识目标

1. 掌握 LED 面板灯的结构。
2. 了解 LED 面板灯的种类与特点。
3. 掌握 LED 面板灯的装配方法。

技能目标

能装配 LED 面板灯。

任务内容

1. LED 面板灯的结构和各个组成部件的作用。
2. 装配 LED 面板灯。

LED 技术及应用

知识与技能

LED 面板灯的外边框是由铝合金经阳极氧化而成的，光源为 LED 灯珠，设计比较独特——LED 灯珠发出的光经过具有高透光率的导光板后，产生一种均匀的平面发光效果。LED 面板灯不仅节能，还没有辐射，发出的光不会刺激孕妇、老人、儿童的皮肤，是一种绿色健康的产品，因此已经成为 LED 时代替代传统格栅灯盘的最佳产品。

1. LED 面板灯的结构

1）常见 LED 面板灯的外形

常见 LED 面板灯的外形如图 4-10 所示，一般为正方形和长方形。

图 4-10 常见 LED 面板灯的外形

2）LED 面板灯的组成部件

LED 面板灯的组成部件如图 4-11 所示。LED 面板灯主要由框架、导光板、扩散板、反光纸、驱动电源、LED 灯条、底盖板等部件组成。

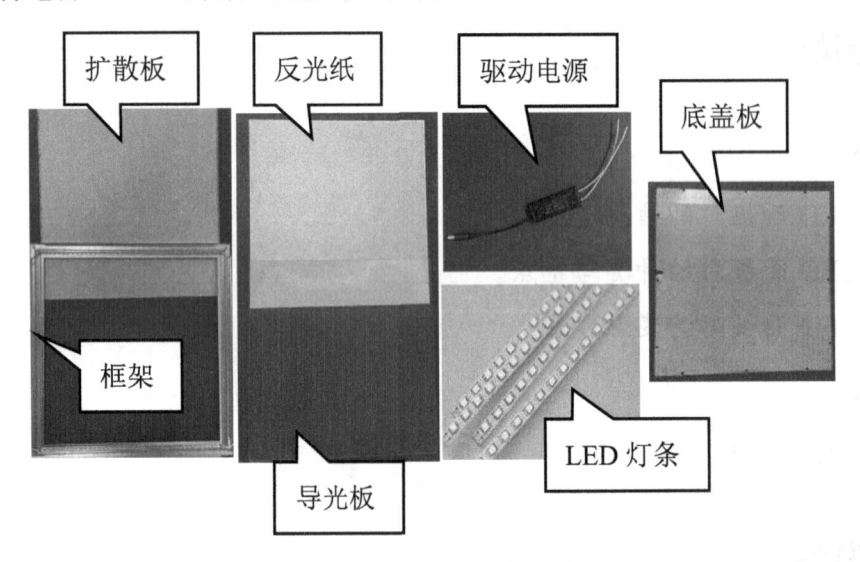

图 4-11 LED 面板灯的组成部件

（1）框架。

框架是 LED 面板灯的重要部分。目前 LED 面板灯的框架材质主要有铝合金、钢材、

PC等。LED面板灯采用的框架强度越高，LED面板灯越耐用。LED面板灯的框架使用的材质不同，其散热性能也不相同。

（2）导光板。

导光板的作用是将侧面LED灯珠发出的光通过网点折射从正面均匀导出。一般来说，导光板的光效在很大程度上取决于网点设计，其次是板材。导光板的品质是决定LED面板灯质量的重要因素之一。使用优质的导光板可以让LED面板灯发出的光更加均匀，不会出现暗斑、水波纹等情况。

（3）扩散板。

扩散板的主要作用是将导光板的光均匀地散出，除此之外还具有模糊网点的作用。扩散板使用的材料主要有亚克力、PC等。使用不同材质扩散板的LED面板灯的透光率不同。

（4）反光纸。

反光纸用于将导光板背面的余光反射出去，以提高光效。在一般情况下，LED面板灯选用的是RW250反光纸。

（5）驱动电源。

驱动电源的品质直接影响LED面板灯的寿命。LED有两种驱动电源模式，一种是恒流电源，此驱动电源模式效率高，功率因数高达0.95，性价比高；另一种是恒压带恒流电源，此驱动电源模式性能稳定，但是效率低、成本高。

（6）LED灯条。

LED灯条一般采用铝基板作为PCB，并用贴片LED灯珠进行组装。

（7）底盖板。

底盖板的主要作用是密封LED面板灯，材料一般选用1060铝。除此之外，底盖板还具有散热作用。

2．LED面板灯的种类

（1）根据功率分类。

根据功率可将LED面板灯分为18W、24W、36W、38W、48W、58W等。

（2）根据型号分类。

根据型号可将LED面板灯分为嵌入式、吸顶式等。

（3）根据大小分类。

根据大小可将LED面板灯分为30cm×30cm LED、30cm×60cm LED等。

（4）根据色温来分类。

根据色温可将LED面板灯分为正白、暖白等。

3. LED 面板灯的特点

（1）照度高。

LED 面板灯采用了密封式设计，并选用了发光均匀的反光面板，配合高效导光板及铝合金材料，其发光效果更均匀、照度更高。

（2）发热少。

LED 面板灯外形轻薄，散热功能完备，功率低，发热少。

（3）发光方式多样。

LED 面板灯可以根据不同的需要和环境变化调节光色，不但不会产生辐射和眩光，而且光色温和，有利于保护视力。

（4）节能环保。

LED 面板灯能耗小、不含汞，在制造过程中几乎不存在污染，具有可循环、可回收的特点，对经济社会的可持续发展具有重要作用，是一种节能环保产品。

（5）设计灵活。

LED 是一种点状发光体，设计人员通过对点、线、面进行灵活组合，可按客户要求设计不同形状、不同颗粒的光源。

（6）寿命长。

LED 理论寿命长达 10 万小时，如按每天使用 8 小时计算，其理论寿命超过 27 年。LED 面板灯的寿命是格栅灯的 10 倍，正逐步取代以 T8 日光灯为光源的格栅灯。

4. LED 面板灯的安装方法

LED 面板灯的安装方法主要有三种。

（1）吸顶式。

先在天花板上打几个螺丝洞，将吸顶架固定在天花板上；再连接好电源线（AC/DC 电源线），并放好位置；最后将 LED 面板灯固定在吸顶架上，并将 LED 面板灯放平稳。

（2）嵌入式。

嵌入式安装示意图如图 4-12 所示。先在天花板上安装钣金槽，再在 LED 面板灯背面固定几块向外突出的支架，放入面板灯，使支架与天花板上的钣金槽吻合，即可将 LED 面板灯固定在天花板上。因为各种天花板厚度不一，所以需要调整灯面与支架之间的高度，否则装好 LED 面板灯后可能会出现 LED 面板灯高于或低于天花板表面的现象。

（3）吊挂式。

吊挂式安装示意图如图 4-13 所示。先用螺丝把 4 个底座固定在天花板上，再将 4 条吊线旋入底座，并将 4 条吊线下方旋入 LED 面板灯。吊装完成后可通过拉动底座钢丝调整 LED 面板灯的高度。

图 4-12　嵌入式安装示意图

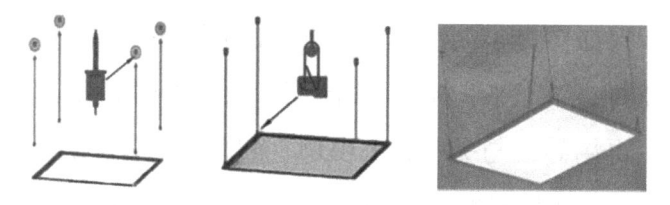

图 4-13　吊挂式安装示意图

任务实施

本任务是完成嵌入式 LED 面板灯的装配。

1. 实训器材（见表 4-2）

表 4-2　LED 面板灯装配材料清单

材料名称	数　　量	规格或型号
LED 面板灯框架	1 个	300mm×300mm
扩散板	1 块	—
导光板	1 块	—
反光纸	1 张	—
驱动电源	1 个	—
LED 灯条	4 根	贴片 LED 灯板
底盖板	1 块	300mm×300mm
螺钉旋具	1 把	十字
螺丝钉	若干	十字
电烙铁	1 把	—
焊锡	若干	—
硅脂	适量	—
细导线	适量	—

2. 实训安全与要求

（1）在实训过程中，应在教师指导下进行操作，注意用电安全。

LED 技术及应用

（2）在测试过程中，如果发现短路，一定要先切断电源，以防发生触电事故。

（3）在装配过程中，避免接线不当出现短路、断路等。确认装配无误后，方可调试。

（4）完成任务后，切断电源并清理工作区域，待指导教师检查无误后方可离开现场。

3．实训过程

下面介绍嵌入式 LED 面板灯的具体装配过程。

（1）连接 LED 灯条。

LED 灯条连接步骤如图 4-14 所示。先将 LED 灯条一端的接线处用电烙铁焊上导线，红色导线接 LED 灯条有"+"标识一端，黑色导线接 LED 灯条有"-"标识一端，如图 4-14（a）所示。再用导线与另一根 LED 灯条串联焊接，如图 4-14（b）所示。用同样方法将另外两根 LED 灯条用导线依次串联焊接，如图 4-14（c）所示，并留出电源接线端，如图 4-14（d）所示。

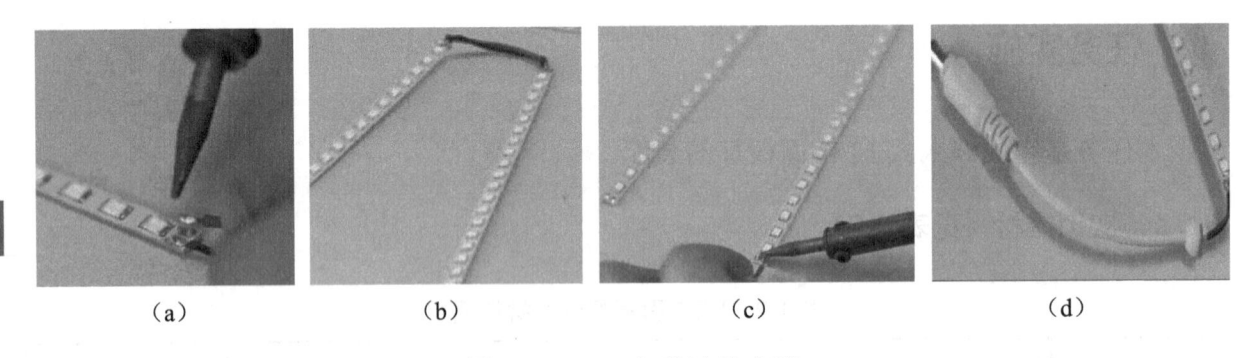

(a)　　　　(b)　　　　(c)　　　　(d)

图 4-14　LED 灯条连接步骤

（2）装配扩散板和导光板。

将 LED 面板灯框架放在平整的桌面上，并将扩散板和导光板依次装入框架。扩散板和导光板装配效果如图 4-15 所示。

（3）装配 LED 灯条。

在框架四周的凹槽里，安装串联在一起的四根 LED 灯条，如图 4-16 所示。

图 4-15　扩散板和导光板装配效果　　　　图 4-16　LED 灯条装配示意图

（4）装配反光纸。

安装好 LED 灯条后，装上反光纸，提高光效。

（5）固定底盖板。

检查无误后，将底盖板轻轻盖好，并卡紧电源导线端的线孔。使用十字螺钉旋具拧紧四周的螺丝，固定底盖板。固定底盖板的步骤如图 4-17 所示。

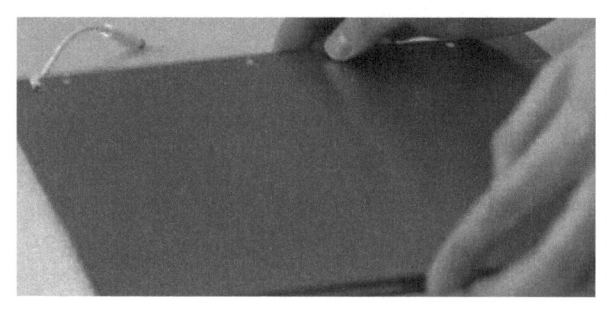

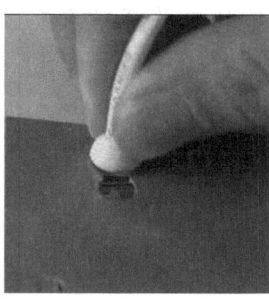

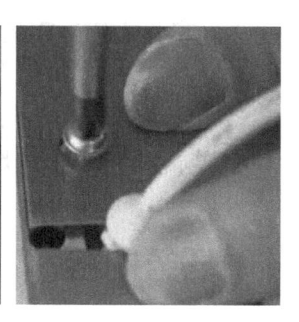

图 4-17　固定底盖板的步骤

（6）连接电源。

将驱动电源输入端与 LED 面板灯留出的电源接线端口连接。

（7）通电调试。

接通电源，观察 LED 面板灯通电发光效果，如图 4-18 所示。

图 4-18　LED 面板灯发光效果

思考：在装配 LED 面板灯的过程中应该注意哪些问题？

任务三　LED 日光灯的装配

LED 日光灯俗称直管灯，是传统荧光灯的替代品。LED 日光灯是国家绿色节能 LED 照明市场工程的重点开发产品之一，相比白炽灯，节能超过 80%。由于 LED 日光灯的尺寸和安装方式与传统荧光灯相同，且灯光柔和，因此被广泛应用于商场、超市、生产车间、学校教室、家庭等室内照明场所。

LED 技术及应用

任务目标

知识目标

1. 了解 LED 日光灯的结构和特点。
2. 掌握 LED 日光灯的工作原理和种类。

技能目标

能装配 LED 日光灯。

任务内容

1. LED 日光灯的结构和工作原理。
2. 装配 LED 日光灯。

知识与技能

LED 日光灯是替代传统荧光灯的新型节能灯具,不需要使用启辉器和镇流器。LED 日光灯具有启动快、功率小、无频闪、不容易视疲劳、节能环保的特点,是国家绿色节能 LED 照明市场工程的重点开发产品之一。

1. LED 日光灯的结构

1）常见 LED 日光灯的外形

常见 LED 日光灯的外形如图 4-19 所示。

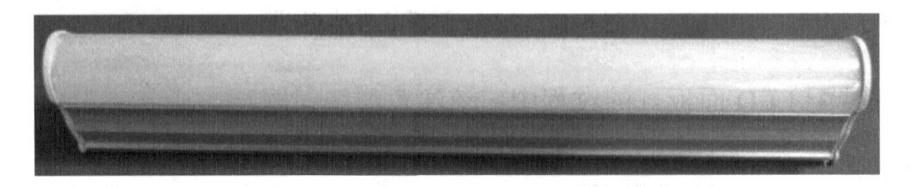

图 4-19 常见 LED 日光灯的外形

2）LED 日光灯的组成

LED 日光灯的组成如图 4-20 所示。LED 日光灯主要由驱动电源、PC 灯罩、铝基板及 LED 灯珠、散热装置、灯头等部件组成。

项目四　LED 照明灯具装配

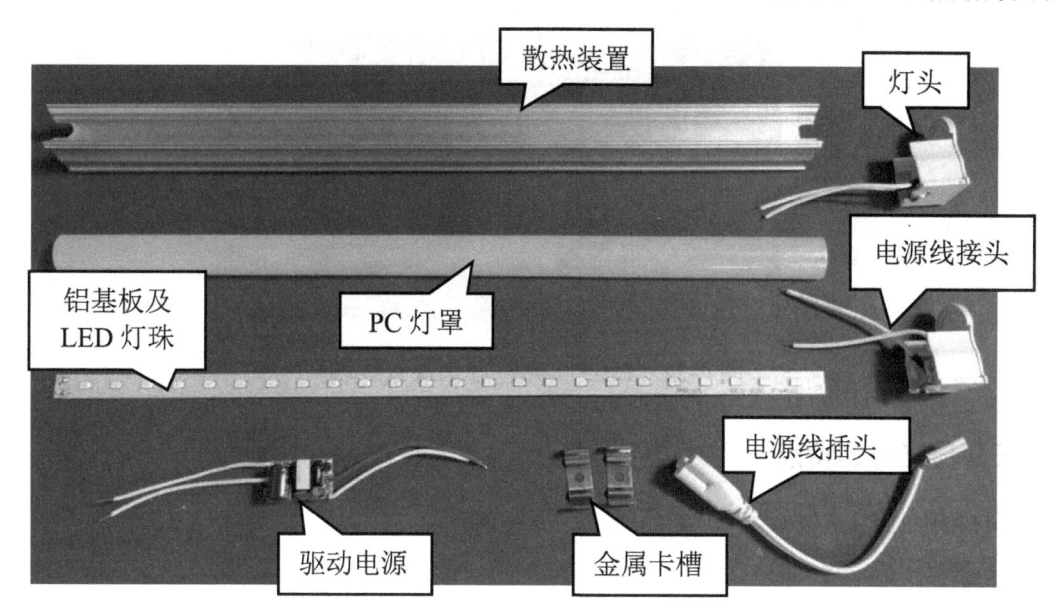

图 4-20　LED 日光灯的组成

（1）驱动电源。

目前 LED 日光灯的驱动电源采用的是恒流驱动电源，能抗峰值电压，可以保护芯片并延长寿命。

（2）PC 灯罩。

LED 日光灯灯罩采用的是耐热的 PC 材料，有奶白罩和透明罩两种。奶白罩透光均匀，光线柔和、不刺眼；透明罩透光性强，光线明亮、刺眼，有光斑。

（3）铝基板及 LED 灯珠

LED 日光灯采用的光源主要有草帽头 LED 灯珠和贴片 LED 灯珠两种型号，PCB 一般采用铝基板。LED 日光灯铝基板及贴片 LED 灯珠如图 4-21 所示。

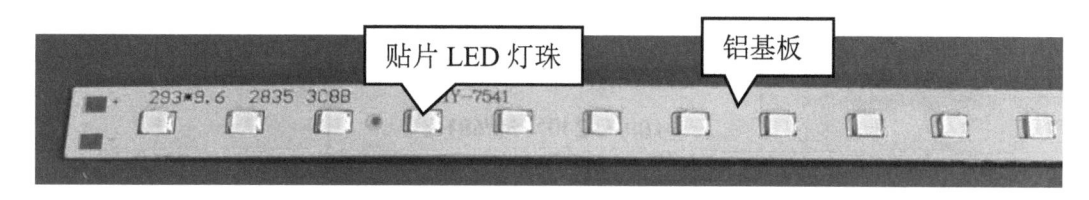

图 4-21　LED 日光灯铝基板及贴片 LED 灯珠

（4）散热装置。

LED 日光灯散热装置一般采用的是铝质材料，抗氧化、抗老化效果好，散热效果好，能保护 LED 灯珠。

（5）灯头。

LED 日光灯灯头一般采用的是耐热、阻燃材料，具有耐高温、不容易老化的特点。LED 日光灯灯头及接线端如图 4-22 所示。

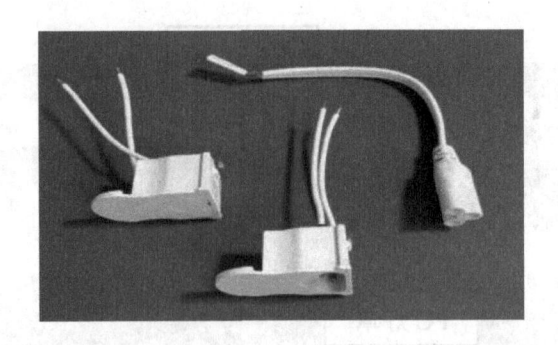

图 4-22 LED 日光灯灯头及接线端

2. LED 日光灯的特点

与白炽灯相比，LED 日光灯主要有以下两个特点。

（1）节能。

与白炽灯相比，LED 日光灯节电量超过 80%，寿命超过普通灯管的 10 倍。因为 LED 日光灯不需要使用镇流器和启辉器，所以不存在更换镇流器、启辉器的问题。同时，LED 日光灯不需要经常更换灯管。

（2）环保。

LED 日光灯发出的光线柔和，有利于保护人的视力及身体健康。而且 LED 日光灯无传统日光灯的汞及紫外线等污染，具有环保的特点。

3. LED 日光灯的工作原理

LED 灯珠以一定的串、并联方式安装在铝基板上，接通 220V 交流电源后，交流电经过驱动电源被转换为恒定的电流和电压，从而驱动 LED 灯珠发光。图 4-23 所示为 LED 日光灯接线示意图。

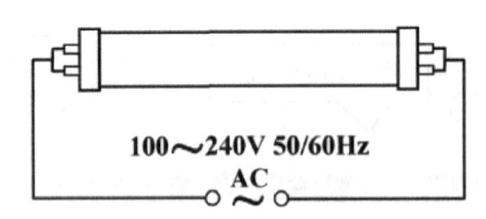

图 4-23 LED 日光灯接线示意图

图 4-24 所示为 LED 日光灯的电路结构。该电路由 144 颗 LED 灯珠混联而成，采用的是 4 并 36 串（4 颗 LED 灯珠并联组成 1 组，共有 36 组串联）的连接形式。

图 4-24 所示的电路采用的 LED 灯珠的工作电流 I_F 为 20mA，正向工作电压 U_F 为 3V。4 颗同型号的 LED 灯珠并联需要的驱动电流为 20mA×4= 80mA；36 组 LED 灯珠串联需要的驱动电压为 3V×36=108V。由此可知，该 LED 日光灯驱动电源输出的恒定电流为 80mA，输出电压不应低于 108V。

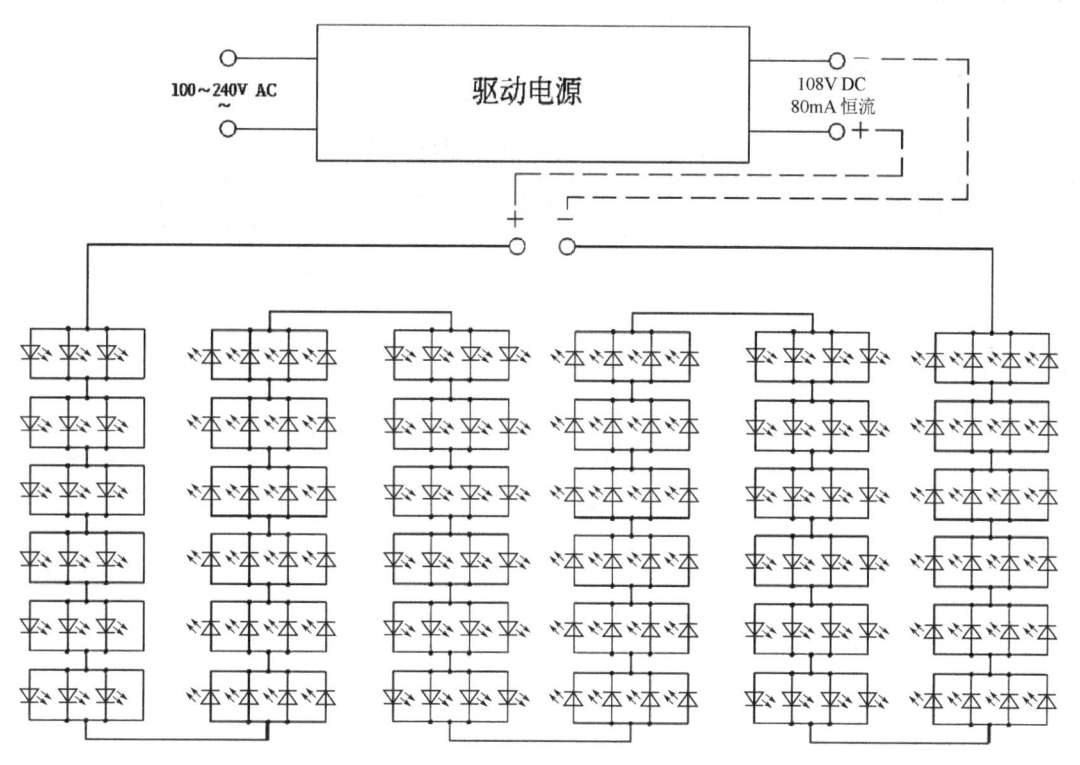

图 4-24 LED 日光灯的电路结构

4．LED 日光灯的种类

（1）根据直径分类。

LED 日光灯根据直径可分为 T5、T8、T10、T12 等。

（2）根据光色分类。

LED 日光灯根据光色可分为暖光和白光。

（3）根据 LED 灯珠排数分类。

LED 日光灯根据 LED 灯珠排数可分为单芯和双芯，如图 4-25 所示。

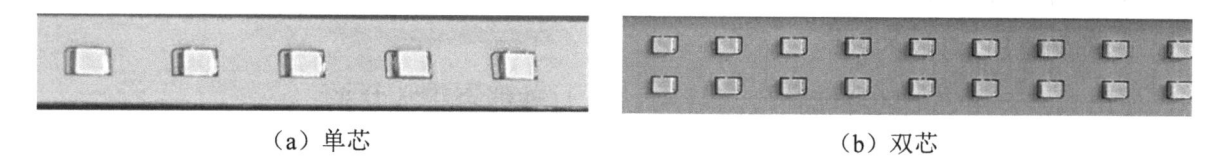

（a）单芯　　　　　　　　　　　　（b）双芯

图 4-25 LED 日光灯灯芯

（4）根据灯管长度分类。

LED 日光灯根据灯管长度可分为 0.6 米、0.9 米、1.2 米等。

任务实施

本任务是装配一根 LED 日光灯。

1. 实训器材（见表4-3）

表4-3　LED日光灯装配材料清单

材料名称	数量	规格或型号
数字万用表	1个	VC 890D
LED灯板	1块	LED灯板
LED灯珠	若干	2835贴片LED灯珠
驱动电源	1个	—
灯头	2个	T5
散热装置	1个	铝质材料
灯罩	1个	—
电烙铁	1把	—
焊锡	若干	—
绝缘套管	若干	—

2. 实训安全与要求

（1）在实训过程中，应在教师的指导下进行操作，注意用电安全，以防被电烙铁烫伤。

（2）在装配LED日光灯的过程中，要正确识别驱动电源的4条引线。装配完毕后，必须认真检查，确保接线无误后方可调试。

（3）若在通电测试中出现故障，必须断电检查。

（4）完成任务后，切断电源并清理工作区域，待指导教师检查无误后方可离开现场。

3. 实训过程

下面介绍装配LED日光灯的具体步骤。

（1）装配LED灯珠。

① 检测LED灯珠的性能。

使用数字万用表上的蜂鸣挡检测贴片LED灯珠能否正常发光。

② 上锡。

在灯板的焊盘上均匀镀上一层薄锡。所镀的焊锡不能过多，以免影响LED灯珠焊接质量。

③ 焊接LED灯珠。

将性能良好的LED灯珠正确焊接在灯板上。在焊接时要注意LED灯珠的极性。LED灯珠焊接效果如图4-26所示。

④ 检测。

完成LED灯珠焊接后，一定要仔细检查LED灯珠的焊接质量，检查焊点是否饱满有光泽，是否存在漏焊现象，是否存在因焊锡过多而短路的现象，以保证焊接质量。

（2）装配驱动电源与灯头。

将驱动电源与灯板和灯头连接。驱动电源共有 4 条引线，其中一端有红、白两条引线，这两条引线分别为驱动电源输出端的正、负极，此端为恒流输出端。将这两条引线分别焊接到灯板上标有"+""-"标识的焊盘处，不得接反。同时使用热缩管将驱动电源套住，做绝缘处理。驱动电源另外一端有两条白色引线，此端为 220V 交流输入端，要与灯头的两条白色引线相接。驱动电源与灯头连接效果如图 4-27 所示。

图 4-26　LED 灯珠焊接效果 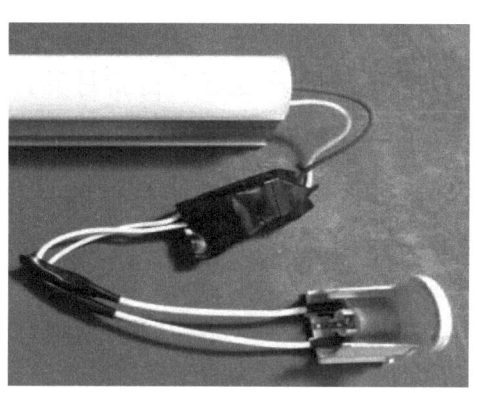　　　　图 4-27　驱动电源与灯头连接效果

（3）检测调试。

将灯板上的 LED 灯珠接通 220V 电源，观察灯板上的 LED 灯珠的发光效果。若有 LED 灯珠不能正常发光，应及时断电查找故障原因，并排除故障。

（4）整灯组装。

先将灯板和套好热缩管的驱动电源同时推入散热装置，再将灯罩推入散热装置外侧的卡槽，最后固定灯管两端的堵头。LED 日光灯装配效果如图 4-28 所示。

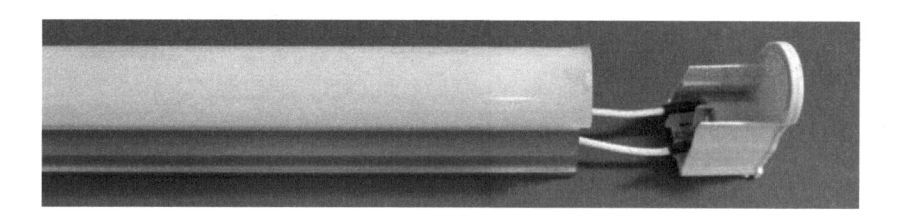

图 4-28　LED 日光灯装配效果

（5）通电观察效果。

把完成装配的 LED 日光灯安装在灯座上，接通电源，观察 LED 日光灯的发光效果。LED 日光灯发光效果如图 4-29 所示。

思考：若 LED 灯珠采用 3 并 18 串（3 颗 LED 灯珠并联组成 1 组，共有 18 组串联）的连接形式，则其驱动电源输出的恒定电流为多少？输出电压的最小值为多少？

LED 技术及应用

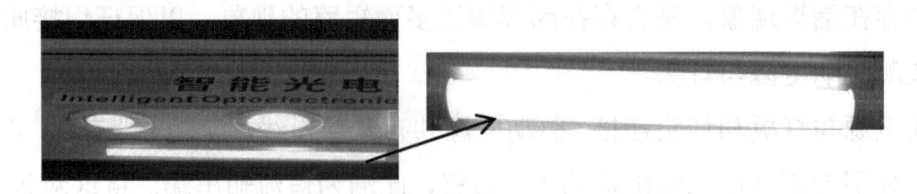

图 4-29　LED 日光灯发光效果

任务四　LED 吸顶灯的装配

LED 吸顶灯的发展可谓日新月异，它不再局限于单灯，逐渐向多样化发展。LED 吸顶灯吸取了吊灯的豪华样式，并采用了吸顶式的安装方式，弥补了较矮的房间不能装大型豪华灯饰的缺陷。LED 吸顶灯的灯体能直接安装在房顶上，适合作整体照明用具，通常用于客厅和卧室。

任务目标

知识目标

1. 了解 LED 吸顶灯的组成和特点。
2. 掌握 LED 吸顶灯的安装方法。

技能目标

能装配 LED 吸顶灯。

任务内容

1. LED 吸顶灯的组成。
2. 装配 LED 吸顶灯。

知识与技能

LED 吸顶灯是一种安装在天花板上的灯具，以 LED 作为光源，具有光效高、耗电少、寿命长、免维护且容易控制的特点。与传统的吸顶灯相比，LED 吸顶灯不仅省电，而且亮度高、投光远、光色柔和，是一种安全且节能环保的产品。目前市面上的 LED 吸顶灯具有多种款式，可满足多种室内空间要求，是人们生活中不可缺少的照明灯具。

1. LED 吸顶灯的结构

1）常见 LED 吸顶灯的外形

LED 吸顶灯的外形有多种。LED 吸顶灯的常见外形如图 4-30 所示。

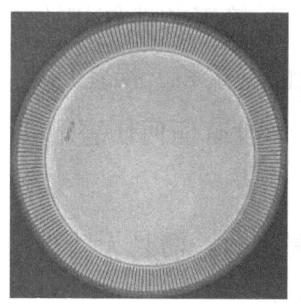

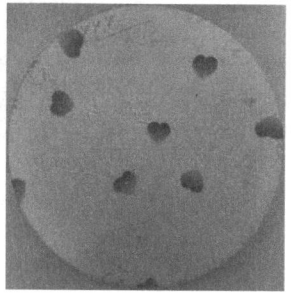

图 4-30 LED 吸顶灯的常见外形

2）LED 吸顶灯的组成

LED 吸顶灯主要由灯罩、底座、PCB、LED 灯珠、驱动电源等部件组成。

（1）灯罩。

在一般情况下，LED 吸顶灯的灯罩采用的是 PC 板。PC 板透光率最高可达 89%，不仅抗撞击，还能防紫外线。采用 PC 板制成的灯罩能使 LED 吸顶灯发出的光更加柔和。

（2）底座。

底座连接在天花板上，为整个灯具提供支撑。LED 吸顶灯底座如图 4-31 所示。

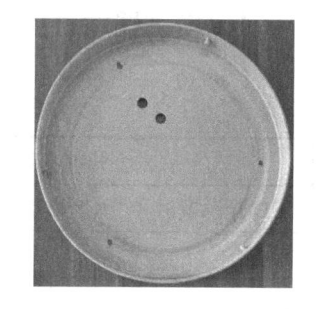

图 4-31 LED 吸顶灯底座

（3）PCB 及 LED 灯珠。

在一般情况下，LED 吸顶灯 PCB 采用的是铝基板，LED 吸顶灯的光源采用的是大功率型 LED 圆形灯珠和小功率型贴片 LED 灯珠。图 4-32 所示为 LED 光源模组。

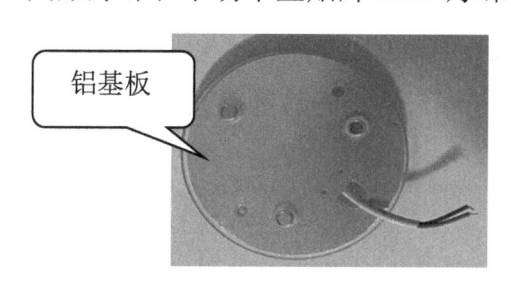

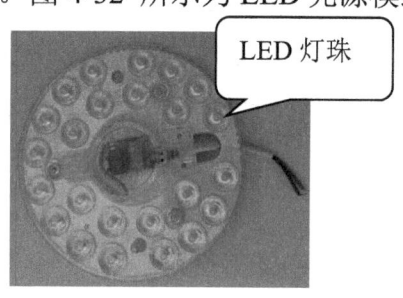

图 4-32 LED 光源模组

（4）驱动电源。

LED 吸顶灯采用的是内置恒流式驱动电源，具有电压稳定、散热快、寿命长的优点，如图 4-33 所示。

LED 技术及应用

2. LED 吸顶灯的特点

LED 吸顶灯主要有以下两个特点。

（1）安全、节能。

LED 吸顶灯是新一代冷光源，与管形节能灯相比，更省电、亮度更高、投光更远、光色更柔和、损耗更小、能耗更低、安全性更高，而且对人体没有任何伤害。

（2）环保。

LED 吸顶灯不仅不含汞等有害物质，而且无紫外线辐射、无光线污染，具有环保的特点。

图 4-33　LED 吸顶灯驱动电源

任务实施

本任务主要是完成 LED 吸顶灯的装配。

1. 实训器材（见表 4-4）

表 4-4　LED 吸顶灯装配材料清单

材料名称	数　　量	规格或型号
LED 光源模组（带驱动电源和 LED 灯珠）	1 套	12W
灯罩	1 个	PC 材质
底座	1 个	—
电线连接器	1 个	—

2. 实训安全与要求

（1）对 LED 灯珠做好静电防护，以防 LED 灯珠因受到静电感应而损坏。

（2）在焊接 LED 灯珠时，要认真识别 LED 灯珠的正、负极，以防 LED 灯珠极性接反。

（3）完成任务后，切断电源并清理工作区域，待指导教师确认无误后方可离开现场。

3. 实训过程

下面介绍装配 LED 吸顶灯的具体步骤。

（1）安装 LED 光源模组。

由于 LED 光源模组自带吸附作用，因此只要调整好模组的位置，让它自动吸附在底盘上即可。LED 光源模组安装效果如图 4-34 所示。

（2）连接驱动电源。

图 4-34　LED 光源模组安装效果

将驱动电源输入端与 220V 交流电源相连接。

（3）装配灯罩。

检查接线无误后，将灯罩对准灯具扣在底座上，用力推入，将灯罩固定在底座上。灯罩安装效果如图 4-35 所示。

（4）通电调试。

接通电源，观察 LED 吸顶灯的发光效果，如图 4-36 所示。

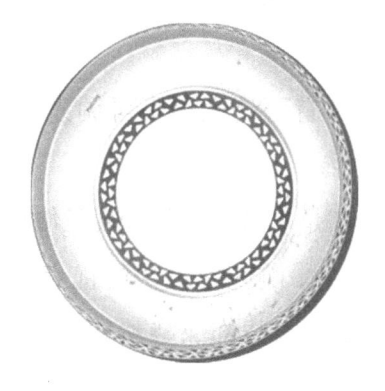

图 4-35　灯罩安装效果　　　　图 4-36　LED 吸顶灯发光效果

思考： LED 吸顶灯发光不均匀一般是由什么原因导致的？

任务五　LED 可调光筒灯的安装

LED 筒灯是一种嵌入天花板的光线下射式照明灯具。LED 筒灯属于定向式照明灯具，只有灯的对立面能受光，光线较集中，明暗对比强烈，能够突出被照物体，同时流明度较高，能够衬托出安静的环境气氛。目前，LED 筒灯被广泛用于办公室、学校、楼道、医院、商场等场所。

任务目标

知识目标

1. 了解 LED 可调光筒灯的结构和特点。
2. 掌握 LED 可调光筒灯的调光原理和安装方法。

技能目标

能装配 LED 可调光筒灯。

LED 技术及应用

任务内容

1. LED 可调光筒灯的结构和调光原理。
2. 装配 LED 可调光筒灯。

知识与技能

LED 筒灯有可调光和不可调光两种形式。LED 可调光筒灯一般采用分组调色的方式达到调光目的。

LED 筒灯是 LED 照明光源在传统筒灯的基础上改良开发的产品，具有节能环保、寿命长、显色性好、响应速度快的优点，可以作为普通筒灯的替代品。LED 可调光筒灯美观、轻巧，能帮助室内装饰保持整体统一，不破坏其他灯具的设置。

1. LED 可调光筒灯的结构

1）常见 LED 可调光筒灯的外形

LED 可调光筒灯可分为明装筒灯和暗装筒灯。图 4-37 所示为常见 LED 可调光筒灯的外形。

图 4-37 常见 LED 可调光筒灯的外形

2）LED 可调光筒灯的组成

LED 可调光筒灯主要由驱动电源、PC 灯罩、铝基板及 LED 灯珠、散热装置等部件组成。图 4-38 所示为一体化 LED 可调光筒灯。

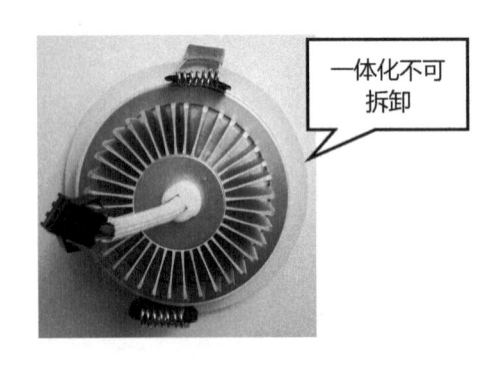

图 4-38 一体化 LED 可调光筒灯

（1）驱动电源。

LED 可调光筒灯驱动电源采用的是恒流驱动电源，连接方式为串联连接，电源效率高，节能环保，具有开路保护、短路保护、过载保护、过压保护、欠压保护功能，而且稳定性好、寿命长。LED 可调光筒灯驱动电源如图 4-39 所示。

（2）PC 灯罩。

在一般情况下，LED 灯罩采用的是高透光 PC 灯罩，其具有透光率高、光色均匀无暗区的特点。LED 可调光筒灯灯罩如图 4-40 所示。

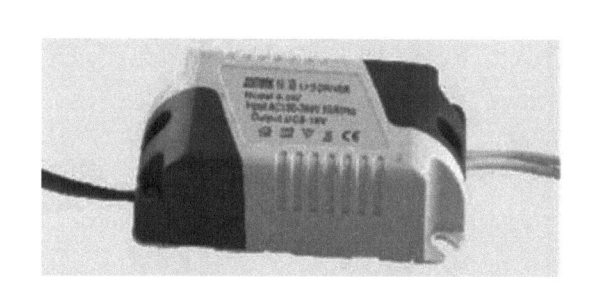

图 4-39　LED 可调光筒灯驱动电源 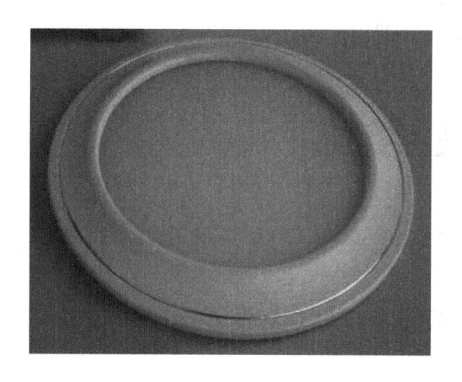　　　　图 4-40　LED 可调光筒灯灯罩

（3）铝基板及 LED 灯珠。

LED 可调光筒灯采用的光源是贴片 LED 灯珠，具有光衰低、寿命长、出光均匀的特点。LED 可调光筒灯可以通过开关来控制贴片 LED 灯组的混合亮灭，从而达到调光效果。一般 LED 可调光筒灯的 PCB 采用的是铝基板。

（4）散热装置。

LED 可调光筒灯的散热装置一般采用的是铝质材料，表面抗氧化、抗老化效果好。

2. LED 可调光筒灯的调光原理

LED 可调光筒灯的调光原理主要有三种。

（1）恒流电源调控调光：利用模拟线性技术调整电流大小，从而达到调光的目的。

（2）PWM 调光：经过调节，使驱动电流呈方波状。其脉冲宽度可变，经过对脉冲宽度的调制来调制 LED 筒灯的连续点亮时间，同时转变输入功率，从而达到节能、调光的目的。

（3）分组调控调光：将多颗 LED 灯珠分组，用简单的分组器调控，从而达到调光的目的。

3. LED 可调光筒灯的特点

LED 可调光筒灯具有如下特点。

（1）LED 可调光筒灯能帮助室内装饰保持整体统一，不破坏其他灯具的设置，光源隐藏在建筑装饰内部，不外露，无眩光，视觉效果柔和、均匀。

（2）节能性：在同等亮度条件下，LED 可调光筒灯的耗电量为普通节能灯的 1/2。

LED 技术及应用

（3）环保性：LED 可调光筒灯不含汞等有害物质，对环境无污染。

（4）经济性：因省电，使用 LED 可调光筒灯可减少电费开支。

（5）低碳性：省电相当于减少碳排放量。

（6）长寿性：LED 灯具的寿命为 10 万小时，按照每天使用 6 小时计算，一个 LED 灯理论上能使用 40 年。

任务实施

本任务主要是完成一体化 LED 可调光筒灯的装配。

1. 实训器材（见表 4-5）

表 4-5　LED 可调光筒灯装配材料清单

材料名称	数　　量	规格或型号
LED 可调光筒灯	1 个	一体化
开孔器	1 个	—
电钻	1 把	—
电工绝缘胶带	若干	—

2. 实训安全与要求

（1）不可将 LED 可调光筒灯安装在离墙太近的地方。LED 可调光筒灯在工作时会散发热量，若靠墙太近，会将墙体烤黄，影响美观。

（2）避免将 LED 可调光筒灯安装在热源处及有热蒸汽、腐蚀性气体的场所，以免影响寿命。

（3）安装 LED 可调光筒灯前应切断电源，以防触电。在调试点亮 LED 可调光筒灯后，勿用手触摸灯表面。

（4）完成任务后，切断电源并清理工作区域，待指导教师确认无误后方可离开现场。

3. 实训过程

下面介绍安装 LED 可调光筒灯的具体步骤。

（1）开孔。根据 LED 可调光筒灯的尺寸和安装位置在吊顶上划线钻孔。开孔示意图如图 4-41 所示。孔尺寸有 2 寸、2.5 寸、3 寸、3.5 寸、4 寸、6 寸、8 寸、10 寸等。一般家用 LED 可调光筒灯的尺寸是 4 寸以下。

（2）连接电源。将孔内的预留电源线的火线和零线与筒灯背部的电源接口相连，并用电工绝缘胶带做绝缘处理。连接电源示意图如图 4-42 所示。

项目四　LED 照明灯具装配

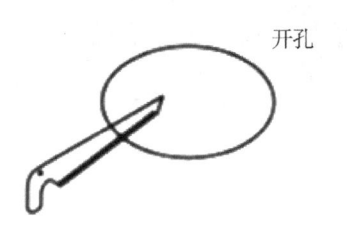

图 4-41　开孔示意图

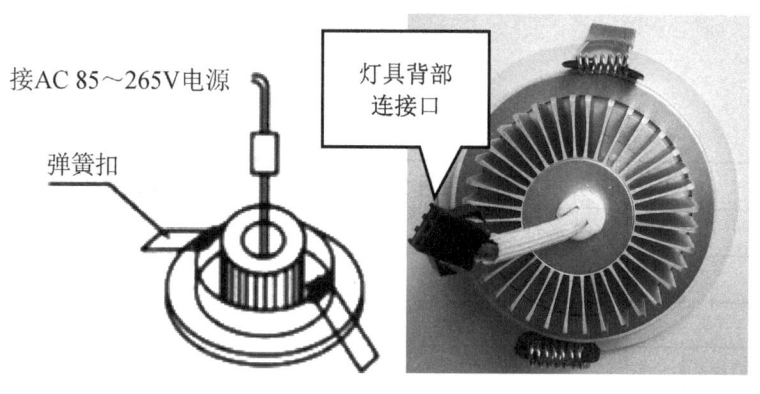

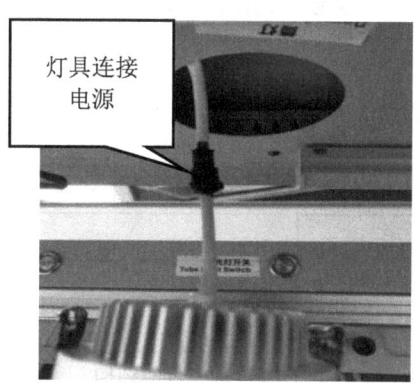

图 4-42　连接电源示意图

（3）检查确认无误后，使 LED 可调光筒灯背部两侧的弹簧扣垂直，与灯体一起推入安装孔。LED 可调光筒灯入孔示意图如图 4-43 所示。

（4）调整好安装位置后，将弹簧扣放下，安装完毕。LED 可调光筒灯安装效果如图 4-44 所示。

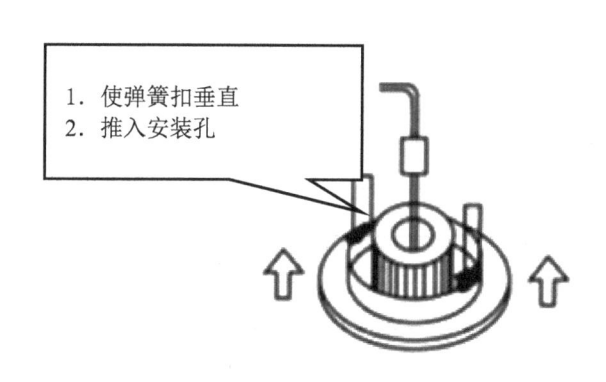

图 4-43　LED 可调光筒灯入孔示意图　　　图 4-44　LED 可调光筒灯安装效果

（5）打开电源，进行通电测试，并调节 LED 筒灯的色温，观察它在不同色温下的发光效果。LED 可调光筒灯在不同色温下的发光效果如图 4-45 所示。

LED 技术及应用

3000K 暖光	4000K 中性光	6000K 白光

图 4-45　LED 可调光筒灯在不同色温下的发光效果

思考：通过什么方法可以调节 LED 可调光筒灯的色温？

考核

任务考核内容		标准分值	自我评分分值×50%	教师评分分值×50%
专业知识与技能	任务计划阶段			
	实训任务要求	10		
	任务执行阶段			
	LED 球泡灯的结构	7		
	LED 面板灯的结构	7		
	LED 日光灯的结构	7		
	LED 吸顶灯的结构	7		
	LED 可调光筒灯的结构	7		
	任务完成阶段			
	装配 LED 球泡灯	7		
	装配 LED 面板灯	7		
	装配 LED 日光灯	7		
	装配 LED 吸顶灯	7		
	装配 LED 可调光筒灯	7		
职业素养	规范操作（安全、文明）	5		
	学习态度	5		
	合作精神及组织协调能力	5		
	交流总结	5		
	合计	100		

学生心得体会与收获：

教师总体评价与建议：

教师签名：　　　　　日期：

思考与习题

1．填空题

（1）LED 球泡灯主要由_____、_____、_____、_____、_____组成。

（2）LED 面板灯的安装方法主要有_____、_____、_____。

（3）LED 吸顶灯的特点主要有_____、_____。

（4）LED 日光灯按照光色可分为_____、_____。

2．问答题

（1）简述 LED 日光灯的工作原理。

（2）简述 LED 可调光筒灯的调光原理。

项目五

LED 景观照明设计与制作

项目五　LED 景观照明设计与制作

项目目标

1. 认识 LED 彩色灯带的结构。
2. 了解 LED 冲孔发光字的定义、特点。
3. 掌握 LED 彩色灯带和 LED 冲孔发光字的设计与制作方法。

思政目标

1. 增强学生的民族自信和文化自信，培养学生的家国情怀和使命担当。
2. 培养学生精益求精的工匠精神，提高学生的专业技能和专业归属感。
3. 让学生树立正确的劳动观，提高学生的安全意识和节能环保意识。

在北京 2022 年冬奥会和冬残奥会办奥理念当中，"绿色"位居首位。做好低碳管理工作，助力我国实现碳达峰、碳中和的目标，是贯彻绿色办奥理念的实际行动。节能低碳是国家体育场的新标签。国家体育场在充分利用原有设备管线的基础上，用高标准 LED 灯具替换原有的已衰减的传统光源，对景观照明系统进行了改造。改造后的国家体育场景观照明系统通过运行模式控制，可达到 30% 的节能效果；同时可采用变色投光灯，根据不同时段需求呈现更多元化的灯光效果。冬奥会"点亮中轴线"景观照明向全世界展示了中国城市的风貌和文化。

基于 LED 节能环保的特性，随着 LED 性能的提升、成本的下降、控制技术的不断成熟，LED 景观照明替代传统照明成为必然。

任务一　LED 彩色灯带的设计与制作

LED 彩色灯带由于能发出绚丽多彩且千变万化的光，可以实现追逐、流水、幻彩、显示等效果。因此，LED 彩色灯带被广泛应用于人们的日常生活及景观照明装饰等领域。

任务目标

知识目标

1. 了解 LED 彩色灯带的组成。

LED 技术及应用

2. 了解 LED 彩色灯带的定义和作用。
3. 掌握 LED 彩色灯带的设计与制作方法。

技能目标

能设计和制作 LED 彩色灯带广告字。

任务内容

1. LED 彩色灯带的组成。
2. 设计和制作 LED 彩色灯带广告字。

知识与技能

景观照明是指在户外用人工光以装饰和造景为目的的照明。景观照明是既有照明功能，又有艺术装饰和美化环境功能的户外照明工程。景观照明可分为道路景观照明、园林广场景观照明、建筑景观照明。

随着 LED 技术的成熟，景观照明出现了节能改造的需求，LED 景观照明随着城市化进程的加快步入快速增长期。

1. LED 彩色灯带简介

LED 彩色灯带又叫 LED 全彩灯带，采用恒流式驱动电源进行单点控制。LED 彩色灯带选用 5050 RGB 贴片 LED 灯珠，将其贴装于柔性 PCB 上，具有耐折、易弯曲的特点，防水等级可达 IP68；灯条用 3M 胶或者卡扣螺丝固定；采用低电压直流供电，安全方便；具有多种发光颜色，色彩绚丽。由于寿命长（一般寿命为 8 万～10 万小时），又非常节能和环保，LED 彩色灯带逐渐在各种装饰行业中崭露头角。

2. LED 彩色灯带的组成

本任务采用的模块为 LED 彩色灯带套件，其组成如图 5-1 所示，该套件主要由 5050 RGB 七彩灯带、电源适配器、控制器、遥控器等部件组成。

1）RGB 七彩灯带

图 5-2（a）所示为 5050 RGB 七彩灯带。该灯带采用的连接方式为先将每 3 个贴片 LED 灯珠串联成一组，然后每组再进行并联，因此，必须按照标注的裁剪线进行裁剪，同一组 3 个串联的 LED 不可分开。图 5-2（b）所示为 RGB 七彩灯带裁剪方法，每段灯带的裁剪长度必须为 5 cm 或 5cm 的倍数。5050 RGB 七彩灯带的电路结构如图 5-3 所示。

项目五　LED 景观照明设计与制作

控制器

5050 RGB 七彩灯带

电源适配器

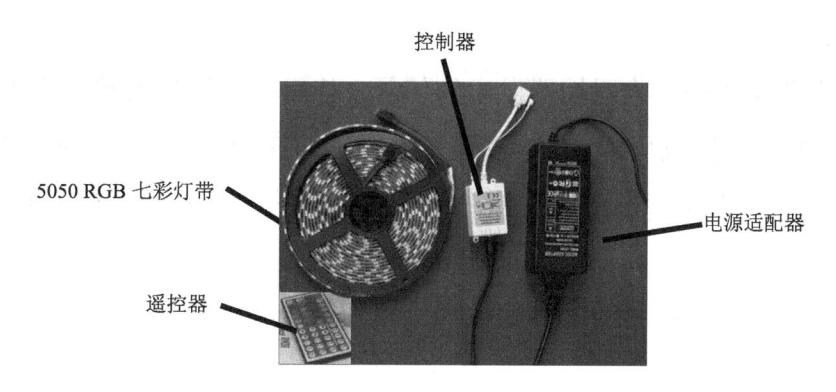

遥控器

图 5-1　LED 彩色灯带套件组成

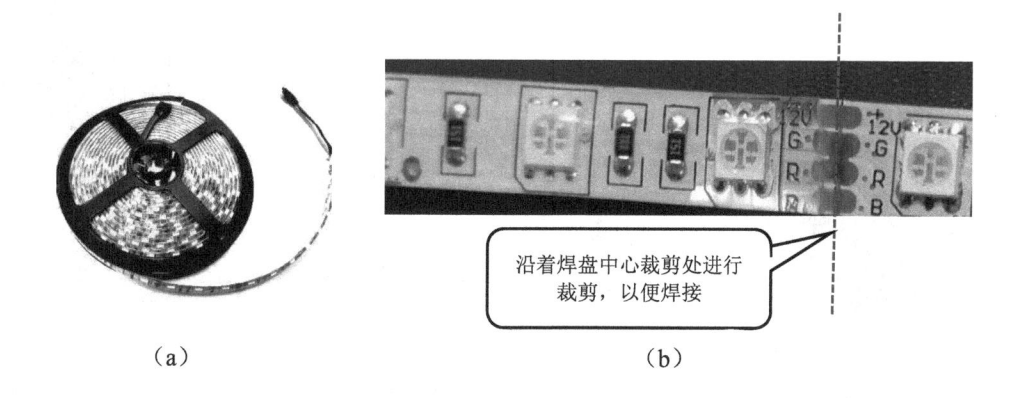

沿着焊盘中心裁剪处进行裁剪，以便焊接

（a）　　　　　　　　　　　　（b）

图 5-2　5050 RGB 七彩灯带及其裁剪方法

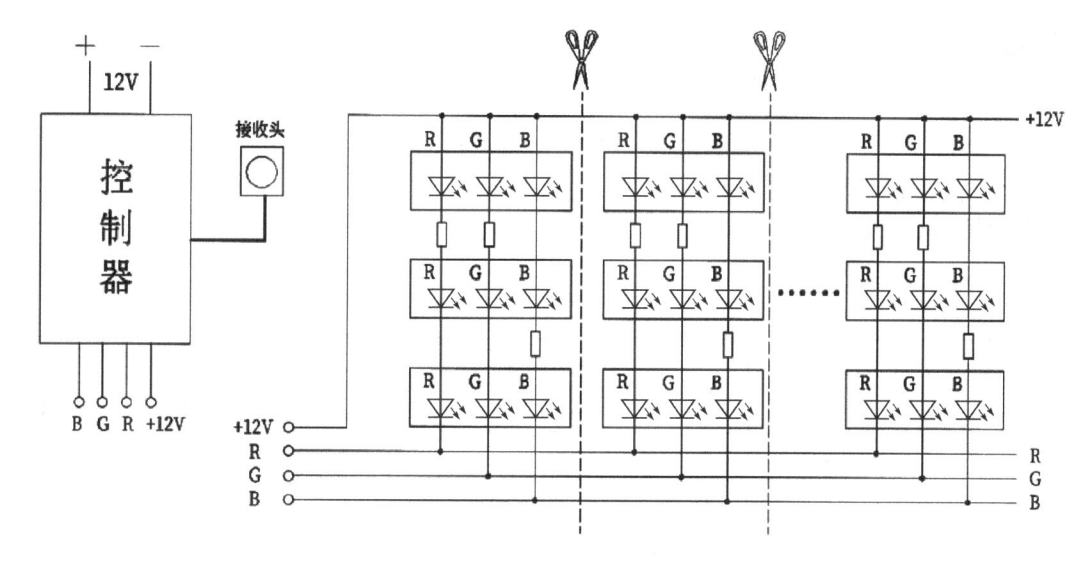

图 5-3　5050 RGB 七彩灯带的电路结构

2）电源适配器

LED 彩色灯带配有电源适配器，如图 5-4 所示。电源适配器主要用于给灯带和控制器提供电源。电源适配器的主要参数如下。

输入电压：100～240V，50～60Hz，1.6A。

输出电压：12V/5A 直流输出。

3）控制器

控制器的主要作用是接收遥控器发出的信号，从而控制灯带的颜色变化。控制器有两条线，一条是红外遥控接收头，用来接收遥控器发出的控制信号；另一条为控制器输出线，有 4 根插针，分别为+12V、R、G、B，此线与灯带的输入插头相连。控制器如图 5-5 所示。

4）遥控器

通过遥控器可以切换灯带的各种颜色和颜色变换效果。遥控器如图 5-6 所示。

图 5-4　电源适配器 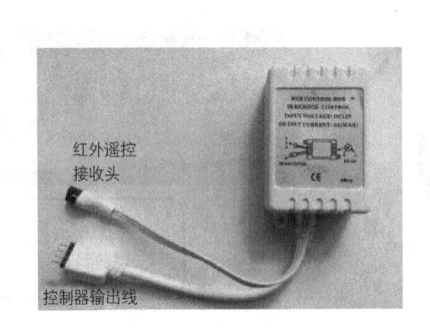　　　　图 5-5　控制器 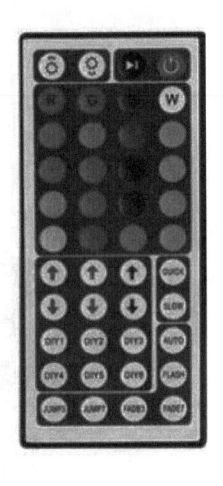　　　　图 5-6　遥控器

任务实施

本任务主要是利用 LED 彩色灯带制作广告数字"8"。

1. 实训器材（见表 5-1）

表 5-1　制作广告数字"8"材料清单

材料名称	数　　量	规格或型号
LED 彩色灯带套件	5m	5050 RGB 高亮度贴片 LED 灯珠
数字万用表	1 个	VC 890D
电烙铁	1 把	—
剪刀	1 把	—
焊锡	若干	—
细导线	若干	—
松香	若干	—
硬塑料板	1 块	—

2. 实训安全与要求

（1）注意用电安全，以防被电烙铁烫伤。

（2）在连接灯带时，要确保每段灯带的 4 条连接线均连接正确。

（3）避免焊接不当，以防出现短路、断路等现象。

（4）完成任务后，切断电源并清理工作区域，待指导教师检查无误后方可离开现场。

3．实训过程

下面介绍广告数字"8"的具体制作步骤。

1）裁剪长度计算

计算出数字"8"的所有笔画数，以及每个笔画需要的灯带长度。"8"的笔画数为 7，每个笔画的长度必须是 5cm 或其整数倍。

2）灯带裁剪及笔画连接

图 5-7 裁剪示意图

（1）先按裁剪规则从原始灯带卷的某一头剪裁出总长度为 70cm 的灯带，再把这段灯带裁剪成 7 段长度为 10cm 的灯带，以便焊接。在裁剪时一定要沿着裁剪线从焊盘的中心处进行裁剪，如图 5-7 所示。

（2）以原始灯带卷的某一头的长度作为电源接口，利用细导线将 7 段灯带按顺序进行串联焊接。

（3）每段灯带连接的 4 条线要分别对应标识有+12V、R、G、B 的线。需要注意绝缘处理及隐藏效果。

3）整字粘贴

所有灯带段串联焊接完成后，摆成数字"8"的形状，并粘贴在硬塑料板上。

4）通电测试

将控制器输出插头与新制作的数字"8"灯带电源输入插头连接，再将电源适配器的输出插头与灯带控制器的电源输入插孔连接，如图 5-8 所示。通电测试，广告数字"8"发光效果如图 5-9 所示。此外，通过遥控器测试单色、闪烁、渐变等各种变化效果，检查发光字是否正常发光。

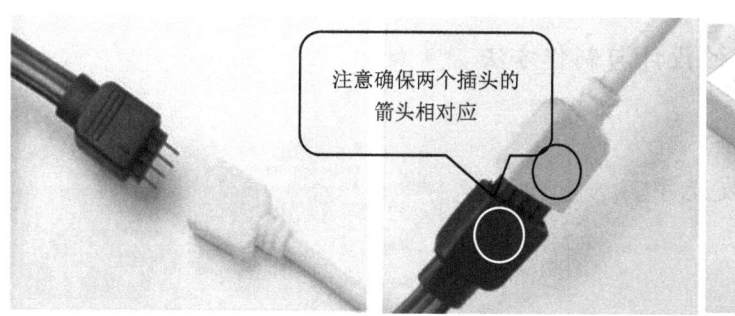

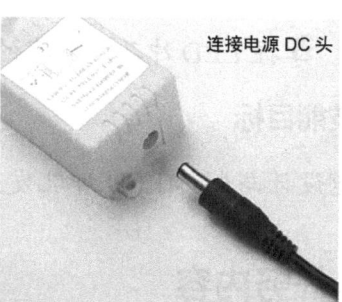

图 5-8 控制器与电源及灯带的连接

LED 技术及应用

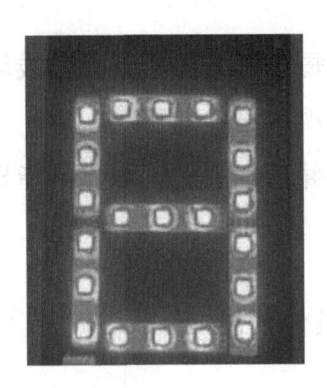

图 5-9 广告数字 "8" 发光效果

思考：分别测量 LED 彩色灯带发出红色、绿色、蓝色、白色四种颜色时的工作电流，将测量结果填入表 5-2。

表 5-2 LED 彩色灯带不同发光效果的工作电流

发光颜色	红色	绿色	蓝色	白色
工作电流/A				

任务二　LED 冲孔发光字的设计与制作

LED 冲孔发光字是以 LED 为光源发光的一种广告标识产品，因具有色彩多种多样、发光效果均匀亮丽、高效节能、安装使用方便的特点，受到广大广告客户喜爱，并迅速得到普及。LED 冲孔发光字被广泛用于广告标识、门店招牌、楼宇发光标识等。

任务目标

知识目标

1. 了解 LED 冲孔发光字的定义和特点。
2. 了解常见的 LED 冲孔发光字灯珠。
3. 掌握 LED 冲孔发光字的设计与制作方法。

技能目标

能设计与制作 LED 冲孔发光字。

任务内容

设计与制作 LED 冲孔发光字。

知识与技能

1. LED 冲孔发光字简介

LED 冲孔发光字又称为 LED 外露发光字，是将亚克力板、镀锌板、不锈钢、钛金板等面板作为基板，通过对基板进行切割、冲孔、烤漆、安装 LED 单颗防水灯串，并对字体笔段进行焊接而形成的发光标识。

2. LED 冲孔发光字特点

LED 冲孔发光字具有如下特点。

（1）亮度高：由于 LED 灯珠是外露的，无任何遮挡，因此亮度较高。

（2）成本相对较低：LED 冲孔发光字可以先用铁皮或者不锈钢作为基板做一套字，再进行打孔装灯，因此成本较低。

（3）发光均匀：由于 LED 冲孔发光字安装的是单颗 LED 灯珠，因此不存在一个字亮度不一的现象。

（4）防水、节能、安全：LED 冲孔发光字的功率小，耗电量低。由于输出电压低，因此更安全。LED 冲孔发光字应用的光源是防水的，因此在下雨等天气可以正常使用，无须担心烧坏。

（5）不限制大小：LED 冲孔发光字一般通过等离子切割弯折而成，因此不限制大小，无拼接，更美观。

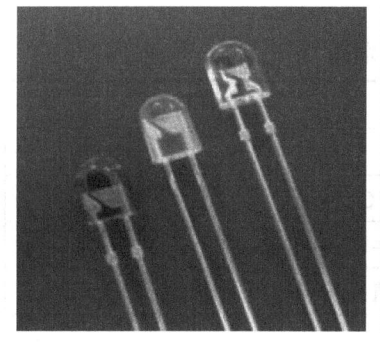

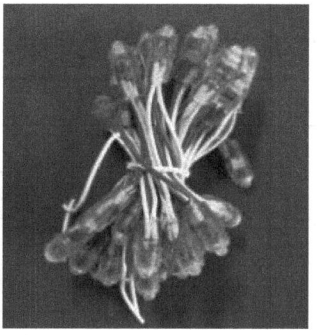

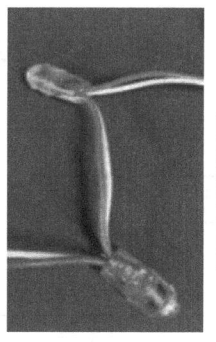

3. 常见的 LED 灯珠

常见的 LED 灯珠有直插式、贴片式等，如图 5-10 所示。制作 LED 冲孔发光字采用的灯珠一般是直插式或贴片式的。

图 5-10　常见的 LED 灯珠

任务实施

本任务要求设计与制作一个"V"形LED冲孔发光字，示意图如图5-11所示，具体参数如表5-3所示。

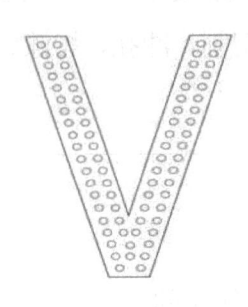

图5-11 "V"形LED冲孔发光字示意图

表5-3 "V"形LED冲孔发光字的参数

项 目	参 数
外形尺寸	350mm×250mm
孔直径（d_k）	9mm
孔（中心）与孔间距（d_{kk}）	14mm
孔（中心）与字边间距（d_{hw}）	12mm
面板	红色透光不透明/2.5mm厚/亚克力板
围边	红色透光不透明/2.2mm厚/亚克力板
底板	白色/8.5mm厚/PVC硬板
外露LED灯珠	12V/0.2W/红色/防水IP68
外露LED灯珠直径（d_1）	9mm
LED灯珠数量	76颗

1. 实训器材（见表5-4）

表5-4 制作"V"形LED冲孔发光字材料清单

材料名称	数 量	规格或型号
尺子	1把	—
数字万用表	1个	VC 890D
油性笔	1支	—
LED并联灯珠	76颗	直径9mm
双面胶	1卷	—
胶水	1瓶	—
电钻	1把	—

2. 实训安全与要求

（1）在实训过程中，注意用电安全，避免烫伤。

（2）正确使用电钻钻孔，钻孔时产生的钻屑严禁直接用手清理，应使用专用工具。

（3）避免焊接不当，以防出现短路、断路等现象。

（4）完成任务后，切断电源并清理工作区域，待指导教师检查无误后方可离开现场。

3. 实训过程

下面介绍设计与制作一个"V"形 LED 冲孔发光字的具体步骤。

（1）钻孔。

先在"V"形亚克力板上用尺子量出孔的直径和孔间的距离，用油性笔描出 76 个孔，再用电钻钻出 76 个钻孔（直径为 9mm）。

（2）安装 LED 灯珠。

LED 灯珠为外露 LED 灯珠。由于采用的连接方式为并联连接方式，因此单颗 LED 灯珠损坏不影响其他灯珠正常工作。LED 灯珠并联连接如图 5-12 所示。

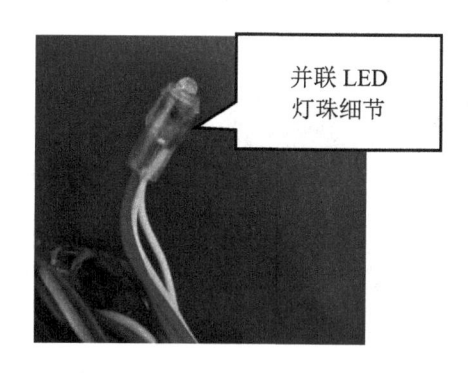

图 5-12　LED 灯珠并联连接

在钻好孔的"V"形亚克力板上有序安装灯珠。灯珠安装前后效果如图 5-13 所示，灯珠安装完成后的亚克力板如图 5-14 所示。

（a）灯珠安装前　　　　（b）灯珠安装后

图 5-13　灯珠安装前后效果

（3）组装底板（PVC 硬板）与箱体。底板与箱体如图 5-15 所示。

LED 技术及应用

图 5-14 灯珠安装完成后的亚克力板

图 5-15 底板与箱体

将底板与箱体边缘对齐，拧紧螺丝，进行固定，引出电源线，做成"V"形发光字。底板与箱体组装示意图如图 5-16 所示。

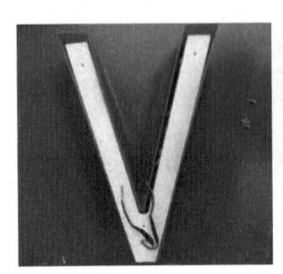

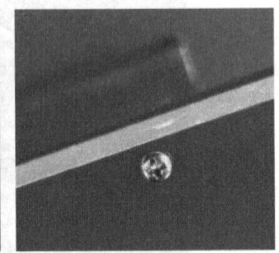

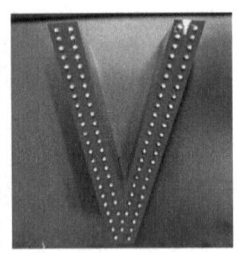

图 5-16 底板与箱体组装示意图

（4）安装并布线。

将发光字安装到墙体或者支架上，可使用底板安装固定，或者使用角扣安装固定，或者使用双面胶与胶水安装固定。布好电源线，将电源线连接至开关电源输出端，再由开关电源连接至 220V 交流电源，如图 5-17 所示。

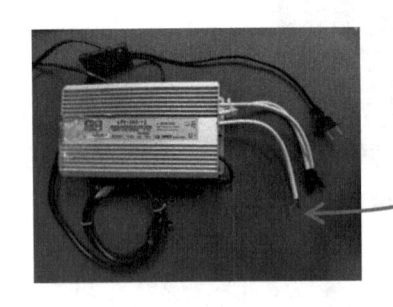

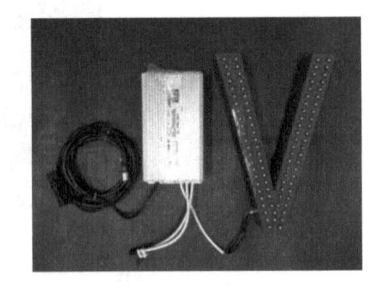

图 5-17 连接电源示意图

（5）通电测试。

接通电源，测试"V"形 LED 冲孔发光字的发光效果，如图 5-18 所示。

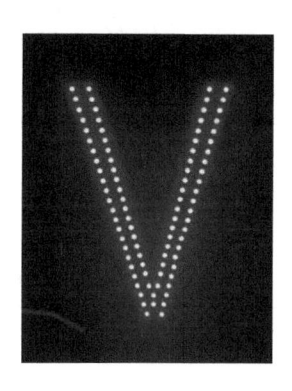

图 5-18　"V"形 LED 冲孔发光字的发光效果

思考：分别测量"V"形 LED 冲孔发光字的工作电流和工作电压，将测量结果填入表 5-5。

表 5-5　"V"形 LED 冲孔发光字的工作电流和工作电压

工作电流/mA	工作电压/V

考核

任务考核内容		标准分值	自我评分分值×50%	教师评分分值×50%
专业知识与技能	任务计划阶段			
	实训任务要求	10		
	任务执行阶段			
	LED 彩色灯带的组成	10		
	LED 冲孔发光字的定义和特点	10		
	任务完成阶段			
	LED 彩色灯带的设计与制作	15		
	LED 彩色灯带的测试	10		
	LED 冲孔发光字的设计与制作	15		
	LED 冲孔发光字的测试	10		
职业素养	规范操作（安全、文明）	5		
	学习态度	5		
	合作精神及组织协调能力	5		
	交流总结	5		
	合计	100		

LED 技术及应用

续表

学生心得体会与收获：

教师总体评价与建议：
教师签名：　　　　　日期：

思考与习题

1. 填空题

（1）LED 彩色灯带套件主要由_____、_____、_____和_____等部件组成。

（2）LED 彩色灯带控制器的作用主要是_____。

（3）LED 冲孔发光字的特点有_____、_____、_____、_____和_____。

2. 问答题

（1）LED 灯珠有哪些连接方式？

（2）什么是 LED 冲孔发光字？

项目六

LED 显示屏应用

LED 技术及应用

项目目标

1. 了解 8×8 LED 点阵屏和 32×16 LED 点阵屏的结构、显示原理和电路结构。
2. 理解 LED 全彩显示屏的基本结构和基本原理。
3. 能组装和调试 LED 全彩显示屏。

思政目标

1. 让学生认识整体和部分的辩证思维。
2. 引导学生提升职业素养，逐步养成规范操作的习惯。
3. 激发学生爱国主义精神与民族自豪感，引导学生坚定为中华民族的伟大复兴而努力奋斗的决心。

近年来，随着 2008 年北京奥运会、中国 2010 年上海世界博览会、2010 年广州亚运会、2022 年北京冬季奥运会的举办，LED 显示屏的身影随处可见。LED 显示屏可以显示变化的数字、文字、图形、图像，不仅可以用于室内环境，还可以用于室外环境，具有投影仪、电视墙、液晶显示屏无法比拟的优点。

任务一　显示屏的分类与特点

显示屏是一种将一定电子文件通过特定的传输设备显示到屏幕上再反射至人眼的显示工具。从早期的黑白世界到现在的彩色世界，显示屏的发展历程漫长而艰辛，随着显示屏技术的不断发展，显示屏的分类也越来越细。

任务目标

知识目标

1. 了解显示屏的分类、特点、显示原理。
2. 理解数码管的结构、工作原理。

技能目标

能对 LED 数码管的类型和引脚进行检测。

任务内容

1. 数码管的结构和工作原理。
2. 检测 LED 数码管。

知识与技能

在信息日益发达的现代社会，显示屏起着极其重要的作用，被广泛地应用于娱乐、军事、工业、教育、航空航天、医疗等各个方面。

1. 显示屏的分类与特点

从作用上讲，显示屏是人机联系和信息显示的窗口，在人机系统中担负着桥梁的作用，是一种人机接口。从功能上讲，显示屏可以把各种机器传递来的电信号转换成人们能够识别的光信号，具有把光信息模拟在二维空间中的功能，因此显示屏又是一种电光转换器件。

显示屏种类繁多，目前为止还没有一种完善的分类方法。如果从显示原理出发，可进行如下分类。

（1）CRT 投影机。

CRT 投影机（阴极射线管投影机）采用控制电路控制真空管内的电子束流的大小，使其在荧光屏上扫描并激发荧光粉发光，从而显示文字或图像。目前，CRT 投影机已逐渐退出市场。

（2）光学投影仪。

光学投影仪采用光学系统将小面积的图像进行光学放大后投射至银幕实现显示，从而获得大面积图像。

（3）液晶显示屏（Liquid Crystal Display，LCD）。

LCD 基于在电场中液晶分子排列的改变，调制外界光（背光），从而达到显示数字、文字、图形、图像的目的。

（4）等离子显示屏（Plasma Display Panel，PDP）。

PDP 是利用惰性气体放电产生紫外线，进而激发红、绿、蓝荧光粉发光，实现显示数字、文字、图形、图像的目的的显示屏。

（5）数码显示屏。

小型电子设备多采用数码显示屏（数码管）显示数字 0～9 或简单的文字、字符，主要有 LED 数码管、荧光数码管等。

（6）LED 显示屏。

LED 是发光二极管。LED 显示屏由多个 LED 组成，利用 LED 的亮灭来显示字符、文字、图形、图像等信息。

LED 显示屏具有亮度高、工作电压低、能耗小、寿命长、耐冲击、性能稳定等优点，因受到广泛重视而迅速发展。LED 显示屏可分为图文显示屏和视频显示屏，目前被广泛应用于车站、码头、机场、商场、医院、宾馆、银行、证券市场、建筑市场、拍卖行、工业企业管理和其他公共场所。

LED 显示屏分类如下。

① 根据颜色分类。

单基色显示屏：单红或单绿。

双色显示屏：红和绿双基色，256 级灰度，可以显示 65 536 种颜色。

全彩显示屏：红、绿、蓝三基色，256 级灰度的全彩色显示屏可以显示 1600 多万种颜色。

② 根据组成像素单元分类。

数码显示屏：显示像素为 7 段数码管，适于制作时钟屏、利率屏等。

图文显示屏：显示像素为点阵模块，适于播放文字、图像等信息。

视频显示屏：显示像素由许多 LED 组成，可以显示视频、动画等。

③ 根据使用位置分类。

户内显示屏：发光点小，像素间距小，适合人们近距离观看。

半户外显示屏：介于户内显示屏和户外显示屏之间，不防雨水，适合在门楣做信息引导等。

户外显示屏：发光点大，像素间距大，亮度高，可在阳光下工作，具有防风、防雨、防水功能，适合人们远距离观看。

④ 根据驱动方式分类。

LED 显示屏根据驱动方式可分为静态显示屏、横向滚动显示屏、垂直滚动显示屏和翻页显示屏等。

2．LED 数码管

LED 数码管也称 7 段数码管。数码管的 7 个显示字段各对应一个 LED，它们在内部成"日"字形排列，各字段分别用字母 a、b、c、d、e、f、g 表示；除此之外，还有 1 个

项目六 LED 显示屏应用

小数点段，用 dp 表示。

LED 数码管分为共阴极数码管和共阳极数码管两种类型，对应外形引脚排列与内部结构如图 6-1 所示。

共阴极数码管的 8 个 LED 的负极连接在一起为公共极，接地，各字段的正极通过各自的引脚引出，要显示的字段需输入高电平。当字段引脚输入高电平时，对应字段的 LED 发光。不同字段的 LED 组合发光，能显示出不同的数字。例如，给 a、b、c、d、e、f 字段均输入高电平，g 字段输入低电平，将显示数字 "0"。

共阳极数码管的 8 个 LED 的正极连接在一起为公共极，接正电源，各字段的负极通过各自的引脚引出，要显示的字段需输入低电平。

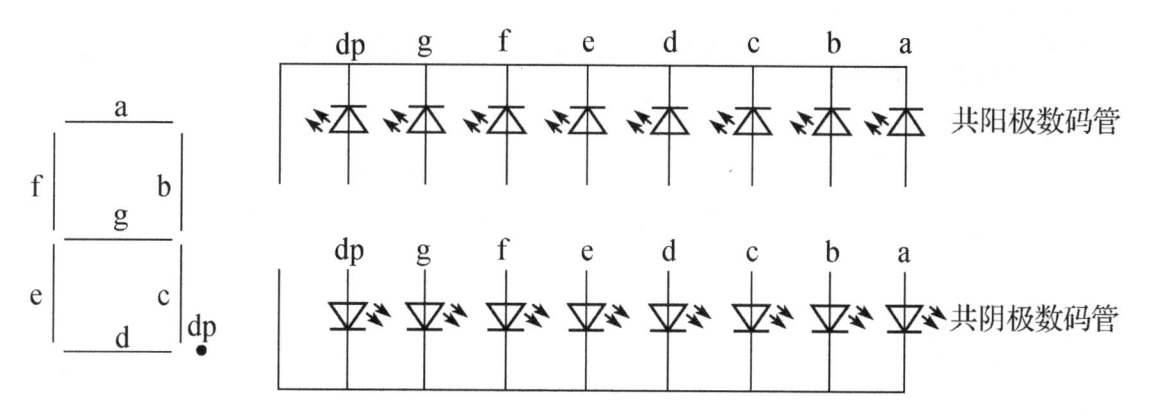

图 6-1　7 段 LED 数码管的外形引脚排列与内部结构

任务实施

本任务主要是测试 LED 数码管的引脚，判断 LED 数码管的结构类型及好坏。

1. 实训器材（见表 6-1）

表 6-1　LED 数码管测试设备及材料

名　　称	功　　能
数字万用表	测试数码管的引脚
LED 数码管	被测试器件

2. 实训安全与要求

（1）在检测时，若 LED 数码管发光暗淡，则说明光效太低，器件已老化。若显示的字段残缺不全，则说明数码管局部已损坏。

（2）数字万用表内的电池正极对应红表笔，电池负极对应黑表笔。在测量时，注意不要混淆。

3. 实训过程

（1）LED 数码管引脚识别。

LED 数码管一般有 10 个引脚，分为两排，当字符面朝上（小数点在右下方）时，左下角的引脚为第一脚，其他引脚沿逆时针方向排列。在一般情况下，上、下、中间的引脚相通，为公共极。其余 8 个引脚为 7 个字段和 1 个小数点段。

（2）判别 LED 数码管的结构类型（是共阳极数码管还是共阴极数码管）及好坏。

第一，将数字万用表置于"蜂鸣"挡，红表笔固定接公共极，黑表笔依次触碰数码管的其他引脚，若数字万用表显示电压值，且各字段均发光，则说明该 LED 数码管的结构类型是共阳极数码管。

第二，若数字万用表没有显示，且各字段均不发光，则说明该 LED 数码管的结构类型是共阴极数码管。此时对调表笔再次测量，数字万用表应显示电压值，且各字段均应发光。

第三，在测试过程中，表笔触到哪个引脚，哪个引脚对应的字段应发光，否则，说明该字段的 LED 已经损坏。

LED 数码管测试图如图 6-2 所示。

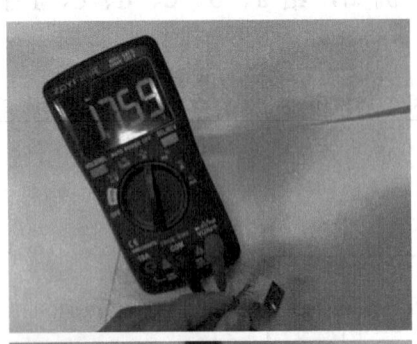

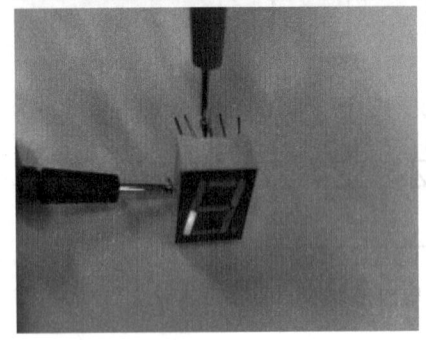

图 6-2　LED 数码管测试图

思考：在使用指针式万用表进行测试时，需要使用哪个挡位？

任务二　LED 单色点阵屏的原理及应用

LED 单色点阵屏具有亮度高、发光均匀、可靠性好、接线简单、拼装方便等优点，能构成各种尺寸的显示屏，在当代社会的用途非常广泛，具有十分广阔的应用前景。

任务目标

知识目标

1. 了解 8×8 LED 点阵屏的结构和显示原理。
2. 了解 8×8 LED 点阵屏的编码原理及显示电路。

3. 了解 32×16 LED 点阵屏的显示原理及电路结构。

任务内容

1. 8×8 LED 点阵屏的应用。
2. 32×16 LED 点阵屏的应用。

知识与技能

8×8 LED 点阵屏和 32×16 LED 点阵屏是常用的点阵屏模块，在单色显示领域被广泛应用。

1．8×8 LED 点阵屏的结构及原理

1）8×8 LED 点阵屏的结构

8×8 LED 点阵屏（以下简称 8×8 点阵屏）是组成 LED 显示屏的基本单元，其外观如图 6-3 所示。它由 64 个 LED 整齐排列成 8 行、8 列，背部引出 16 个引脚。8×8 点阵屏各引脚的定义如图 6-4 所示，图中 Hx 表示第 x+1 行线，Lx 表示第 x+1 列线。

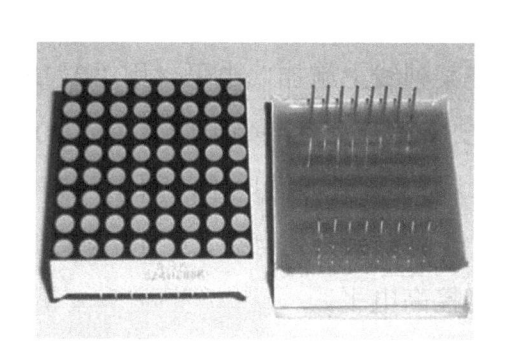

图 6-3　8×8 点阵屏的正面和背面

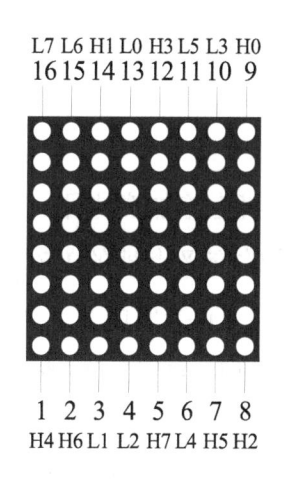

图 6-4　8×8 点阵屏各引脚的定义

8×8 点阵屏的内部结构如图 6-5 所示。8×8 点阵屏有两种类型：一种是行是共阳极的[见图 6-5（a）]，另一种是行是共阴极的[见图 6-5（b）]。

在图 6-5（a）中，水平线 H0、H1……H7 叫作行线，接内部每行 8 个 LED 的阳极，相邻两行线间绝缘。类似地，垂直线 L0、L1……L7 叫作列线，接内部每列 8 个 LED 的阴极，相邻两列线间绝缘。这种连接方式的 LED 点阵屏通常被称为行阳的 8×8 点阵屏（或被称为共阳 8×8 点阵屏）。

LED技术及应用

图6-5（b）中，每行8个LED的阴极都接在本行的行线上，每列8个LED的阳极都接在本列的列线上，这种连接方式的LED点阵屏通常被称为行阴的8×8点阵屏（或被称为共阴8×8点阵屏）。

2）8×8点阵屏的显示原理

在实际应用中，LED点阵屏一般采用动态显示方式，一行一行地显示。每一行的显示时间约为4ms，由于人类的视觉具有暂留现象，因此会感觉8行LED在同时显示。

下面以图6-5（a）所示的行阳的8×8点阵屏为例，来说明8×8点阵屏的显示控制过程。

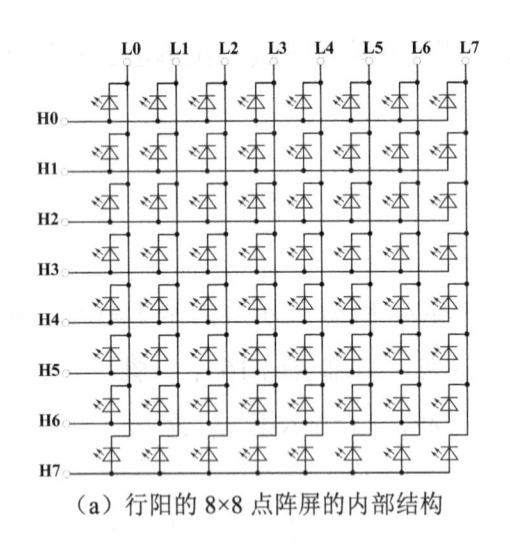

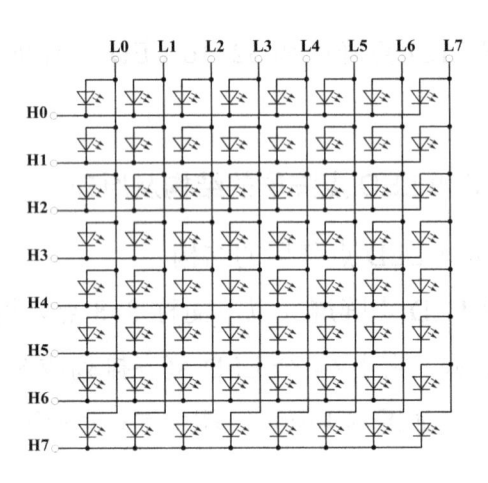

（a）行阳的8×8点阵屏的内部结构　　（b）行阴的8×8点阵屏的内部结构

图6-5　8×8点阵屏的内部结构

若在某行线上施加高电平（用"1"表示），在某列线上施加低电平（用"0"表示），则行线和列线的交叉点处的LED会导通点亮。若要将第一个点点亮，则9脚（H0）接高电平，13脚（L0）接低电平。若要将第一行点亮，则9脚要接高电平，而13脚、3脚、4脚、10脚、6脚、11脚、15脚、16脚接低电平。若要将第一列点亮，则13脚接低电平，9脚、14脚、8脚、12脚、1脚、7脚、2脚、5脚接高电平。

动态显示字符"B"的过程如图6-6所示。

3）8×8点阵屏的编码原理

由于51单片机的驱动电流有限，直接驱动8×8点阵屏显示亮度不够，因此需要外接排阻、三极管或集成芯片，以增大驱动电流。对于单个8×8点阵屏来说，只要行或列外接驱动电路就能正常显示，无须行和列都外接驱动电路。

点阵屏的显示方式有静态和动态两种，扫描方式有行扫描和列扫描两种。

下面以行阳的8×8点阵屏的编码原理为例进行介绍。要在行阳的8×8点阵屏上显示"0"，可以采用行扫描静态显示方式。图6-7所示为8×8点阵屏的显示编码，须形成的列代码为 0x1C、0x22、0x22、0x22、0x22、0x22、0x22、0x1C。只要把这些代码分别送到相应的列线上，即可显示数字"0"。若采用列扫描，则要用相应的行代码，分别为 0xFF、0xFF、0x81、0x7E、0x7E、0x7E、0x81、0xFF。

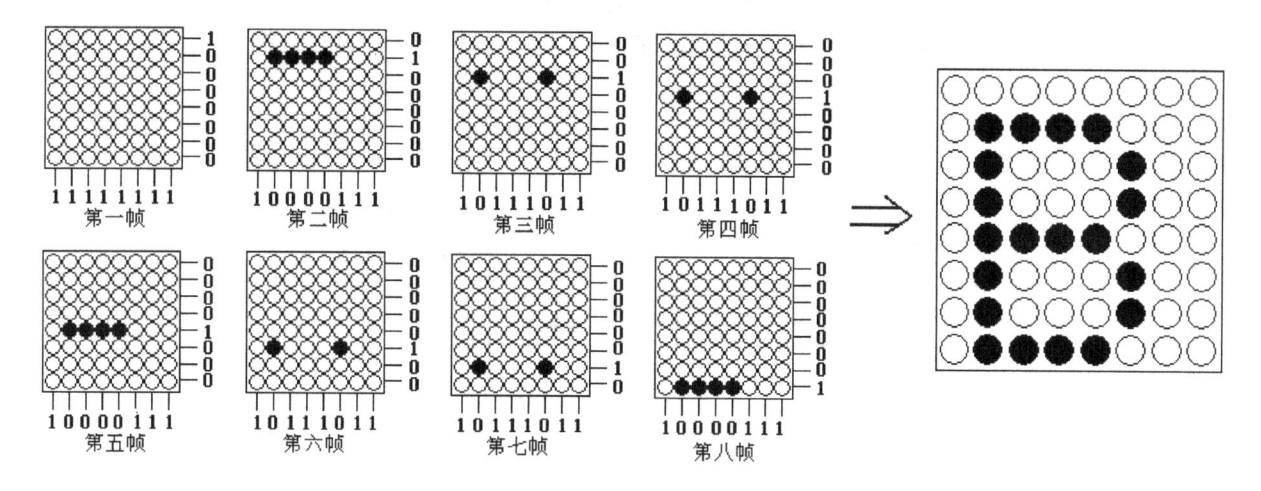

图 6-6　动态显示字符"B"的过程

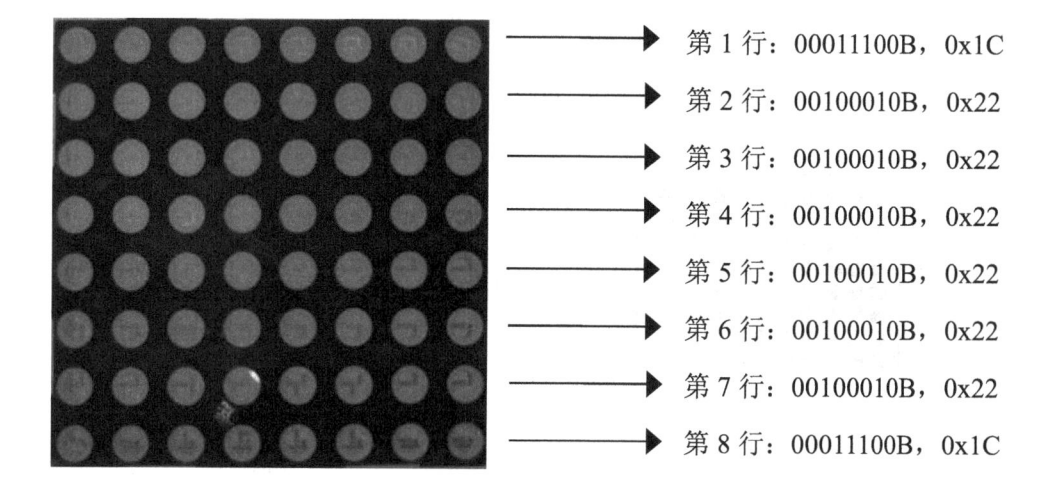

第 1 行：00011100B，0x1C

第 2 行：00100010B，0x22

第 3 行：00100010B，0x22

第 4 行：00100010B，0x22

第 5 行：00100010B，0x22

第 6 行：00100010B，0x22

第 7 行：00100010B，0x22

第 8 行：00011100B，0x1C

图 6-7　8×8 点阵屏的显示编码

4）8×8 点阵屏的显示电路

8×8 点阵屏的显示电路如图 6-8 所示，STC89C52 为主控芯片；74HC138D 为译码器芯片，连接 8×8 点阵屏的列；74HC595D 为行驱动芯片，连接 8×8 点阵屏的行，进行行驱动。主控芯片中的 RST 引脚为复位端，外接复位电路，用于电路复位。8×8 点阵屏、32×16 点阵屏的选取通过单片机 STC89C52 的 P3.5 引脚、P3.6 引脚及 P3.7 引脚实现。P2.0 引脚、P2.1 引脚、P2.2 引脚连接 74HC138 的译码输入端，实现点阵列扫描。74HC595D 是具有 8 位移位寄存器、存储器、三态输出功能的驱动器，可将 STC89C52 发送过来的 8 位串口数据转换成 8 位并行数据，用以驱动点阵进行行扫描。

LED 技术及应用

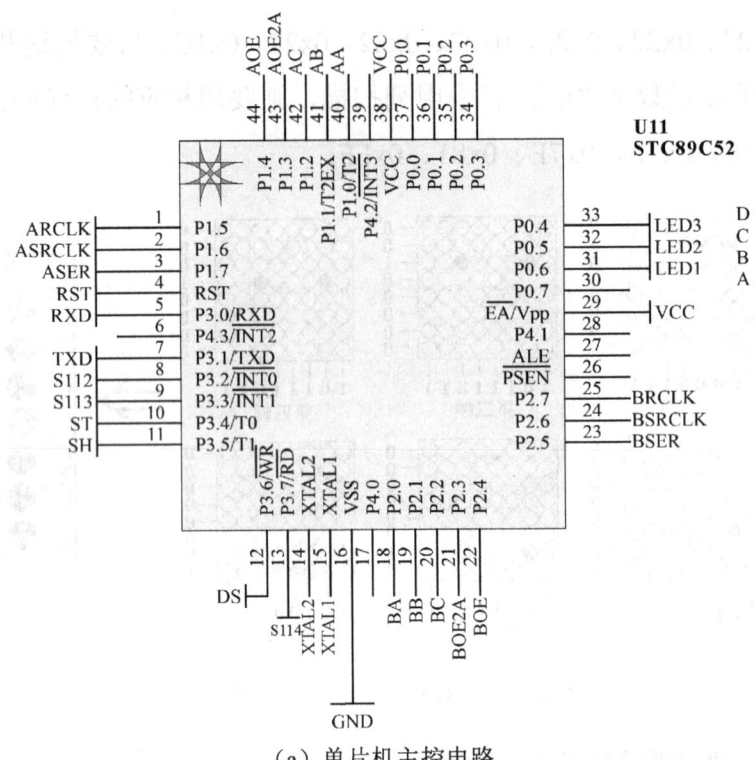

(a) 单片机主控电路

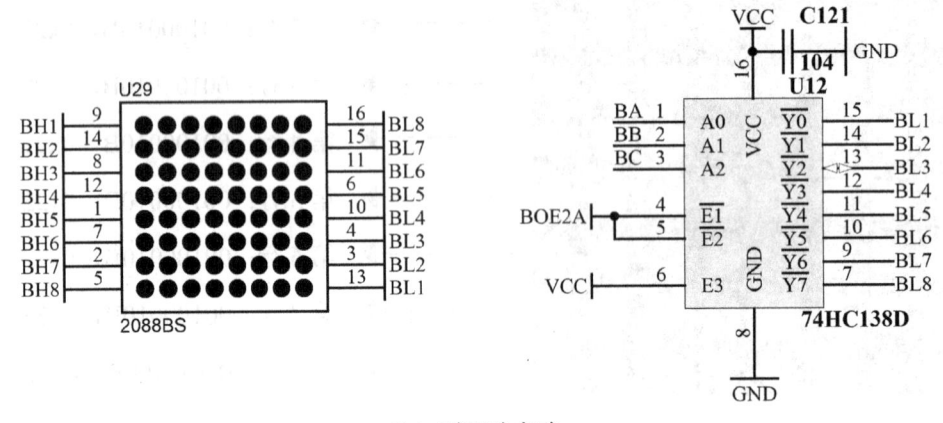

(b) 列驱动电路

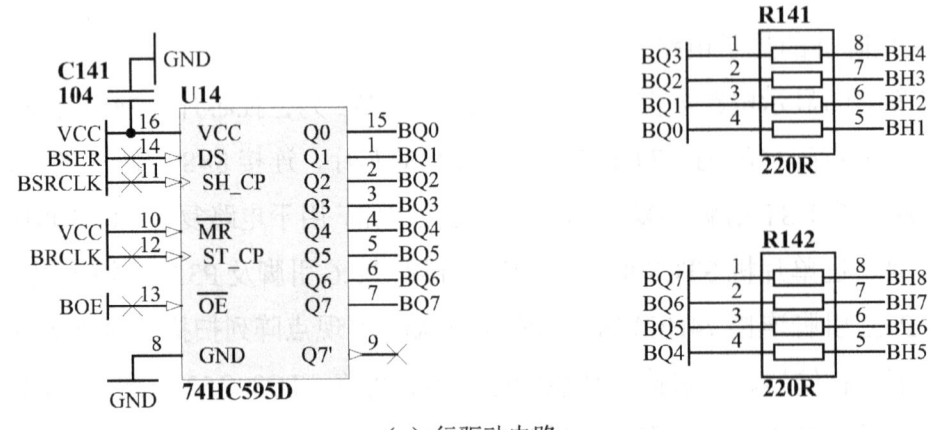

(c) 行驱动电路

图 6-8　8×8 点阵屏的显示电路

5) 8×8 点阵取模软件的应用

8×8 点阵取模软件的原理是先将一个数字、字母或一幅图像转换成一串十六进制的字模数据，然后添加到单片机程序的数组中，再把程序烧写进单片机中，从而在 8×8 点阵屏中显示。下面介绍一款 8×8 点阵取模软件的应用。

第一，打开点阵取模软件，如图 6-9 所示。

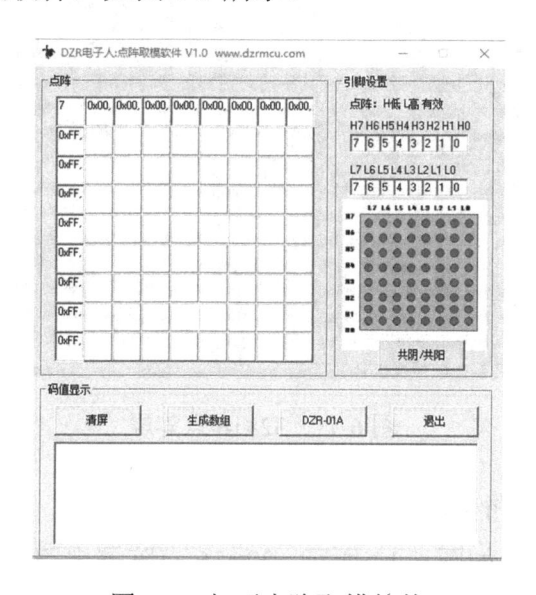

图 6-9　打开点阵取模软件

第二，由于本电路采用行阴的 8×8 点阵屏，是通过列阵来点亮点阵的，因此先单击 共阴/共阳 按钮，将引脚设置成 引脚设置 点阵：H低 L高 有效 ；然后在"点阵"框中通过单击构造想得到的数字、字母或图像（如字母 V），并单击 生成数组 按钮得到相应的字模数据（见图 6-10）；最后在单片机程序中建立一个无符号字符数组，把字模数据（TableL[]）复制到数组中即可。

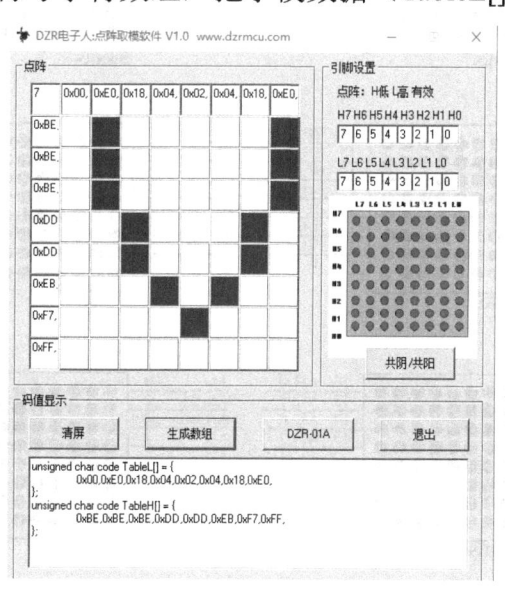

图 6-10　生成字模数据

2. 32×16 LED 点阵屏的结构及原理

1）32×16 点阵屏的结构

图 6-11 所示为 32×16 点阵屏，该点阵屏是由 8 块 8×8 点阵屏按照一定顺序拼接而成的。

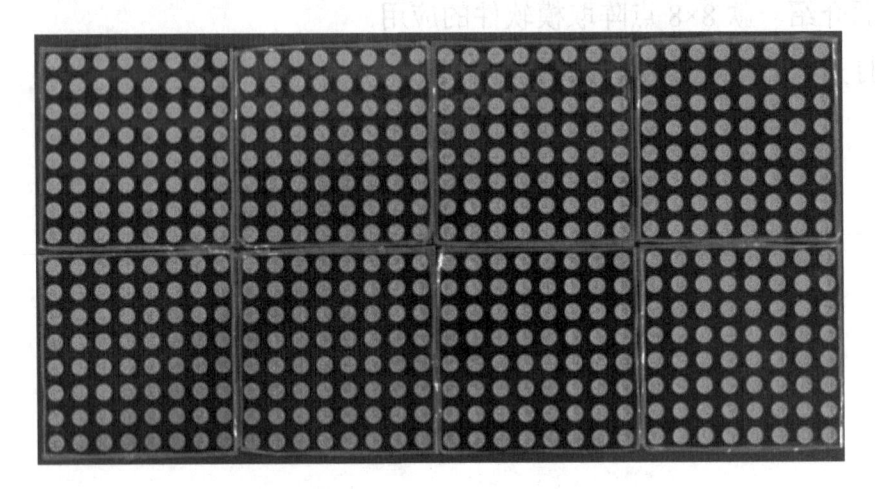

图 6-11 32×16 点阵屏

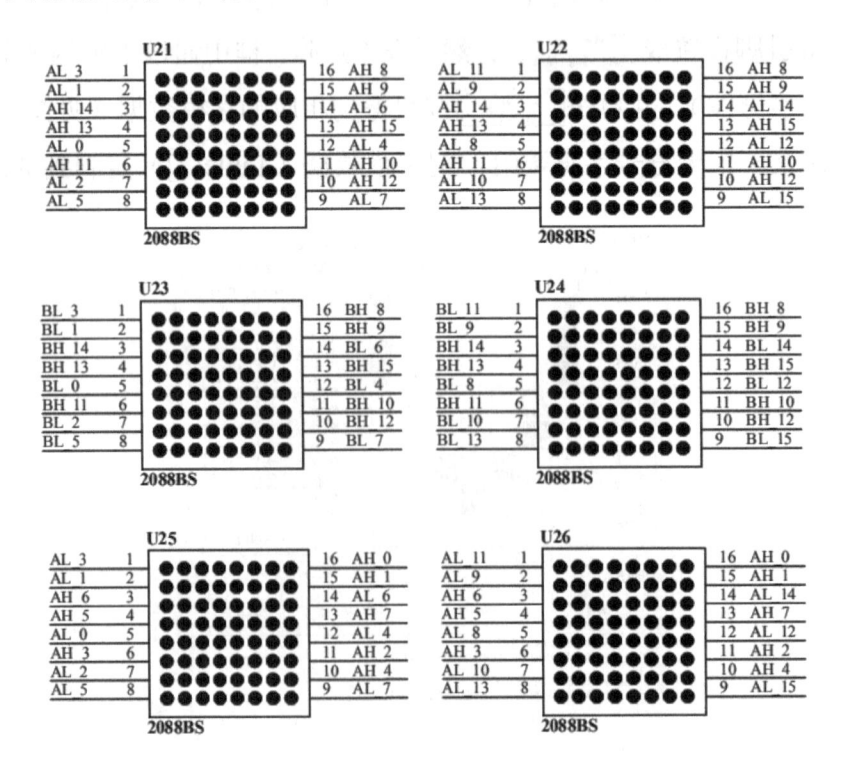

2）32×16 点阵屏的电路构成

32×16 点阵屏的电路图如图 6-12 所示。32×16 点阵屏电路的行驱动和列驱动均由 4 个串口锁存器 74HC595D 进行控制。32×16 点阵屏的硬件电路主要由单片机、点阵显示电路、行驱动电路、列驱动电路等组成。

图 6-12 32×16 点阵屏的电路图

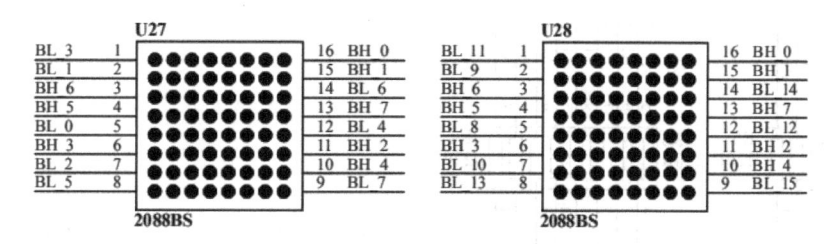

图 6-12　32×16 点阵屏的电路图（续）

（1）点阵模块电路。

在图 6-12 所示的 32×16 点阵屏电路图中，标注有字符"H"的引脚为列选引脚，标注有字符"L"的引脚为行选引脚。

（2）串口锁存器 74HC595D。

串口锁存器 74HC595D 的外形及引脚排列如图 6-13 所示。

Q0～Q7（1～7 脚、15 脚）：8 位并行输出端，可以直接控制数码管的 8 个字段。

Q7'（9 脚）：串口数据输出端。

DS（14 脚）：串口数据输入端。

$\overline{MR}$（10 脚）：主复位（低电平有效）。在低电平时，将移位寄存器的数据清零。

SH_CP（11 脚）：在上升沿时，数据寄存器的数据移位；在下降沿时，移位寄存器的数据不变。

ST_CP（12 脚）：在上升沿时，移位寄存器的数据进入数据寄存器；在下降沿时，数据寄存器的数据不变。

$\overline{OE}$（13 脚）：在高电平时，禁止输出（高阻态）。

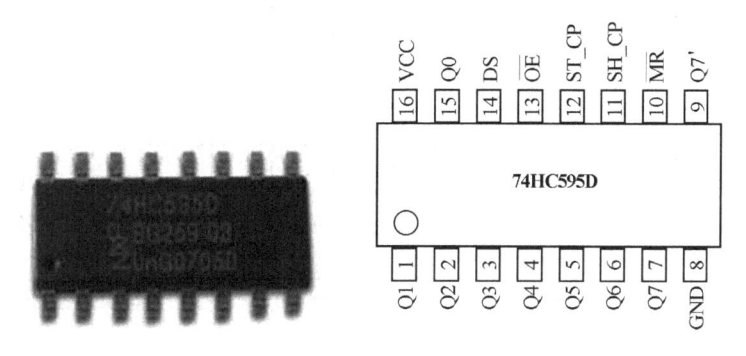

图 6-13　串口锁存器 74HC595D 的外形及引脚排列

（3）行列驱动电路。

图 6-14 所示为 32×16 点阵屏的行列驱动电路，其中，行驱动电路和列驱动电路均使用串口锁存器 74HC595D 作为驱动芯片。

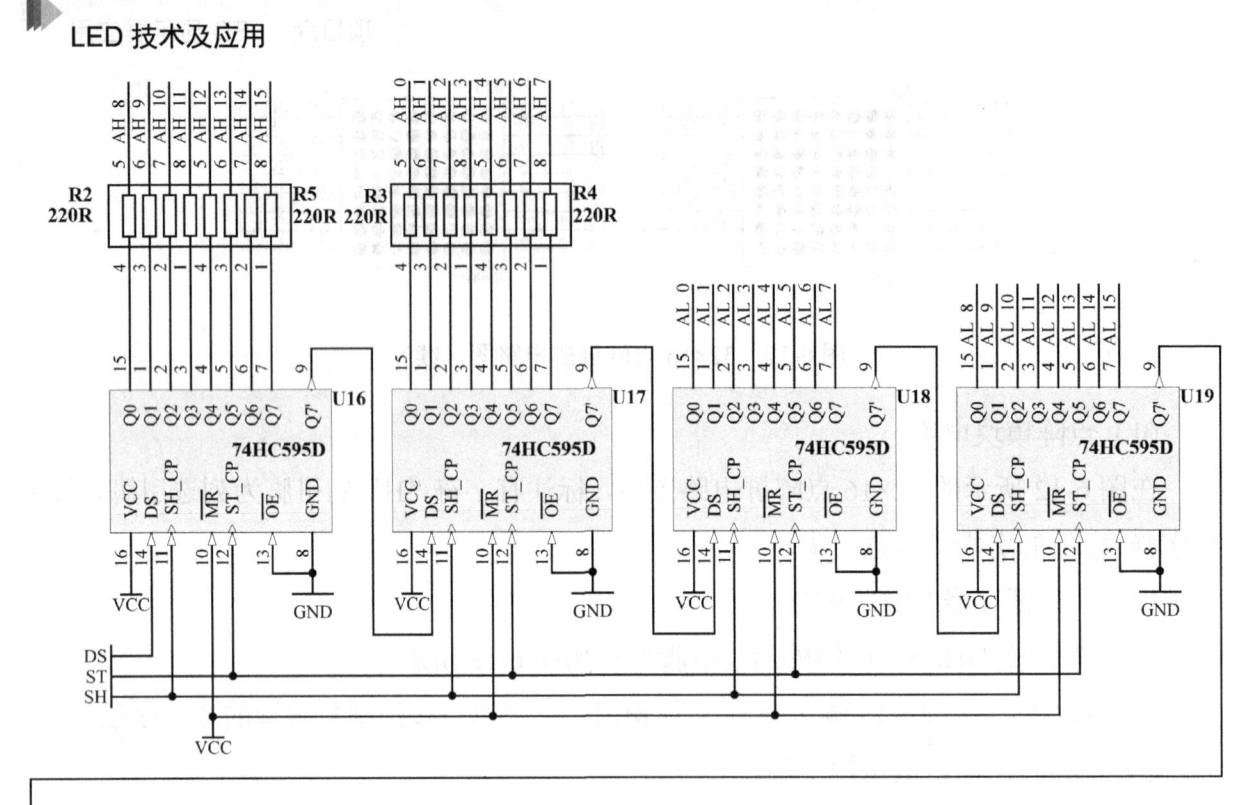

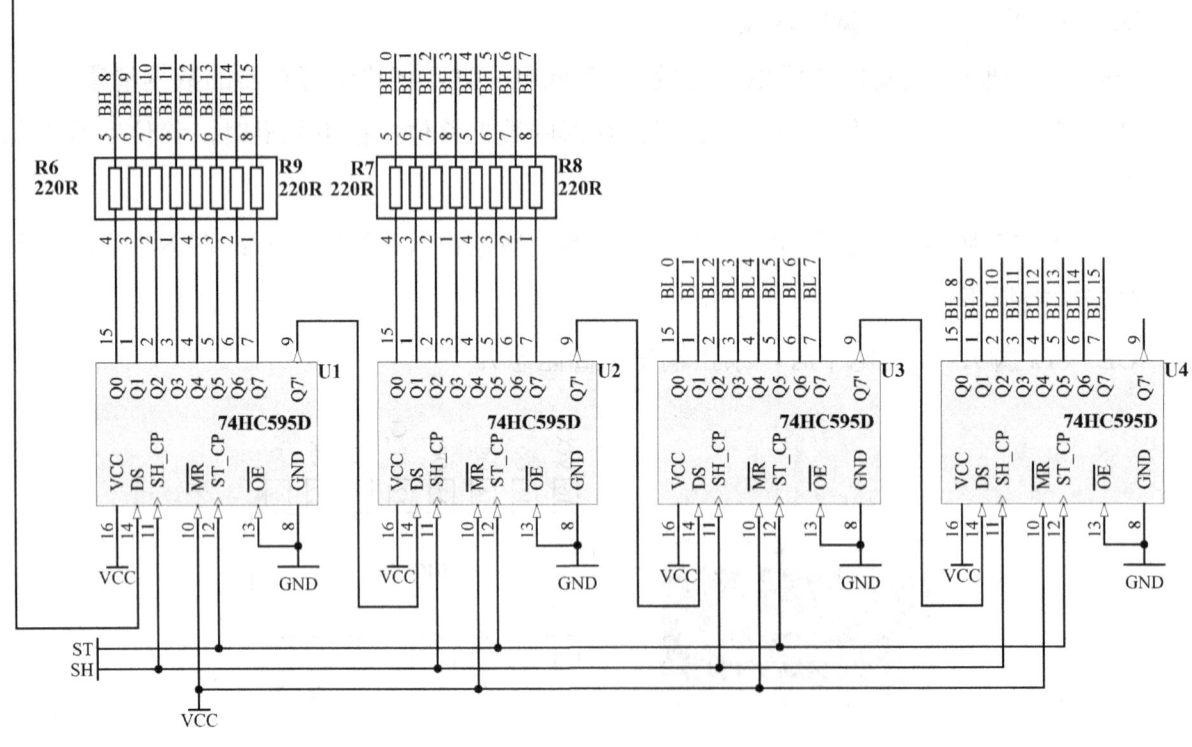

图 6-14　32×16 点阵屏的行列驱动电路

3）32×16 点阵取模软件的应用

PCtoLCD 是一款比较常用的点阵取模软件，可以对 32×16 点阵屏进行取模，其功能与 8×8 点阵取模软件大致相同，主要不同之处在于 PCtoLCD 是通过输入数字、字母及汉字自动取模的，在应用时，需要将软件生成的字模数据复制到单片机程序中的无符号字符数组中。图 6-15 所示为 PCtoLCD 的主界面。

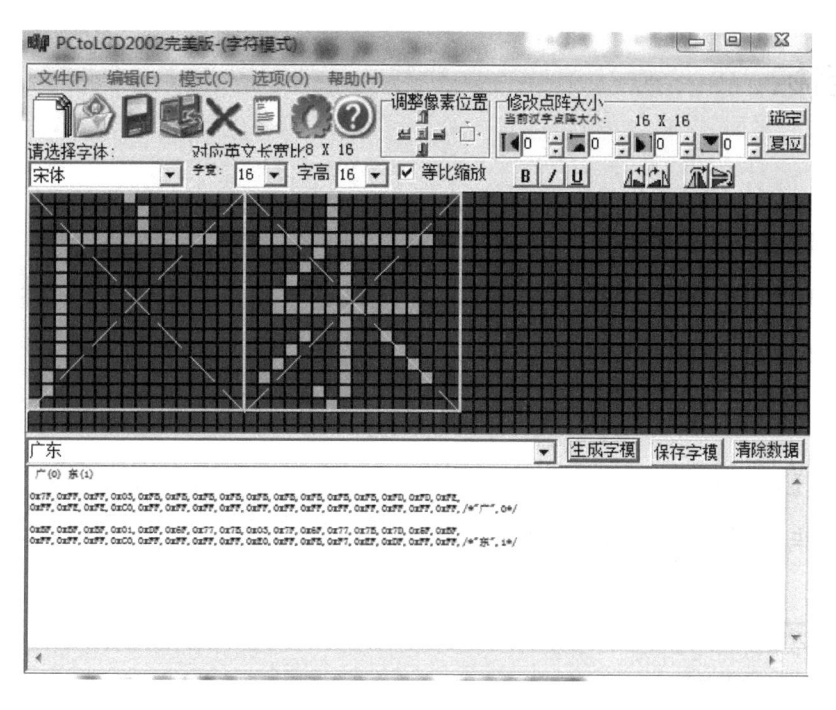

图 6-15　PCtoLCD 的主界面

在取模前,需要对"字模选项"对话框中的参数进行设置,相关设置要与 32×16 点阵屏电路硬件相对应。图 6-16 所示为 PCtoLCD 的"字模选项"对话框。

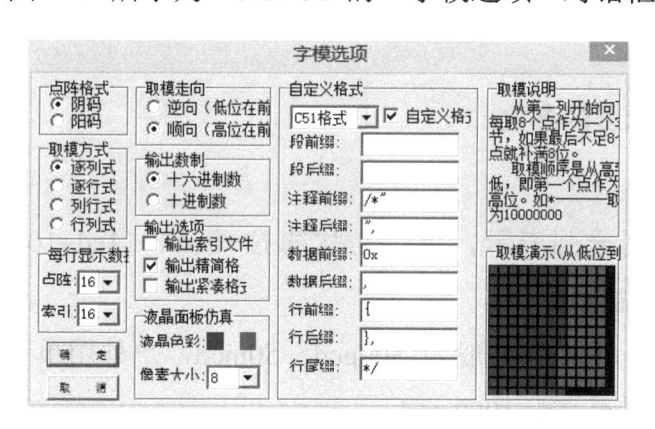

图 6-16　PCtoLCD 的"字模选项"对话框

思考:行阳的 LED 点阵屏与行阴的 LED 点阵屏在结构上有何区别?

任务三　LED 全彩显示屏的结构和应用

LED 全彩显示屏是由多个 RGB LED 像素点组成的,其通过控制像素点的亮灭来显示不同颜色的字符、图案或视频等信息。LED 全彩显示屏作为一种新媒体,具有亮度高、画面清晰、兼容性好、模块化等特点，被广泛应用于学校、证券、医院、演出、展览等场合。

任务目标

知识目标

1. 了解 LED 全彩显示屏基本参数的意义。
2. 了解 LED 全彩显示屏的基本结构。
3. 熟悉 LED 全彩显示屏的基本原理。

技能目标

1. 能组装 LED 全彩显示屏。
2. 能控制与调试 LED 全彩显示屏。

任务内容

1. 组装 LED 全彩显示屏。
2. 控制与调试 LED 全彩显示屏。

知识与技能

1. LED 全彩显示屏的参数

（1）LED 亮度。

LED 亮度一般用光强表示，单位是坎德拉（cd）。1cd=1000mcd（毫坎德拉），1mcd=1000μcd（微坎德拉）。

室内用单个 LED 的光强一般为 500μcd～50mcd，户外用单个 LED 的光强一般为 100mcd～1000mcd，甚至高于 1000mcd。

（2）像素与像素直径。

LED 显示屏中的每个可被单独控制的 LED 发光单元（点）称为像素（或像素单元）。

像素直径是指每 1 像素的直径，单位是毫米（mm）。较常见的室内 LED 显示屏像素直径有 ϕ3.0mm、ϕ3.75mm、ϕ5.0mm、ϕ8.0mm 等，其中 ϕ3.75mm 和 ϕ5.0mm 使用得最多。

（3）点距。

点距就是发光点之间的距离，即 LED 显示屏两两像素间的中心距离。点距越小，像素密度越高，信息容量越大，适合人们观看的距离越近；点距越大，像素密度越低，信息容量越小，适合人们观看的距离越远。

门头 LED 显示屏的观看距离一般在 30m 内，采用的点距不大于 P16（16mm），常用的点距为 P7.62。

（4）分辨率。

LED 显示屏像素的行列数称为 LED 显示屏的分辨率，如 32×16。分辨率是显示屏的像素总量，决定了一台显示屏的信息容量。

（5）扫描方式（几分之几扫描）。

LED 单元板的扫描方式有 1/16、1/8、1/4、静态（1/1）等。

如何区分 LED 单元板的扫描方式呢？最简单的办法就是数 LED 单元板中 LED 的数目和串口锁存器 74HC595D 的数目，计算方法为 LED 的数目除以串口锁存器 74HC595D 的数目再除以 8。图 6-17 所示的 LED 单元板中的 LED 有 32×16 个，串口锁存器 74HC595D 有 16 个，故扫描方式为 1/4（32×16÷16÷8 = 4）。

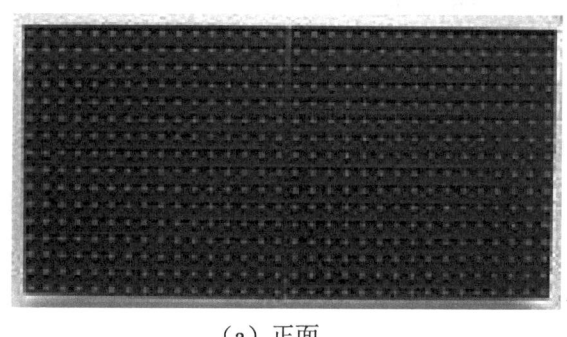

(a) 正面　　　　　　　　　　(b) 背面

图 6-17　LED 单元板

户内 LED 显示屏一般采用的扫描方式为 1/16，半户外 LED 显示屏一般采用的扫描方式为 1/16 或 1/8，户外 LED 显示屏最好采用 1/4 的扫描方式。

2．LED 全彩显示屏的基本结构

LED 全彩显示屏主要由 LED 单元板、系统控制器（播放盒）、行列控制器（接收卡）、驱动电源和计算机等组成，如图 6-18 所示。

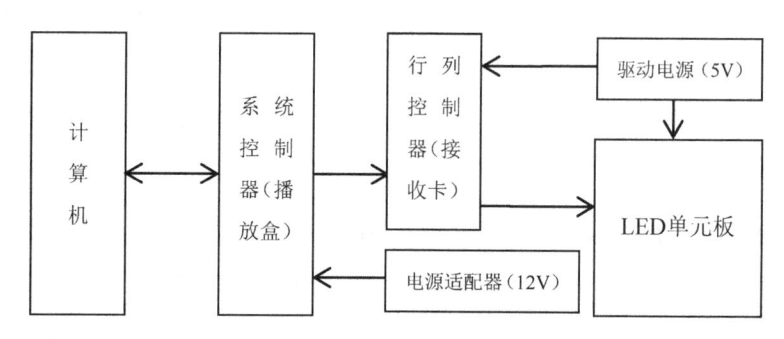

图 6-18　LED 全彩显示屏的组成

LED 技术及应用

（1）LED 单元板。

LED 单元板是一种显示器件，是组成显示屏的基本单元。它由 LED 点阵模块、行驱动电路（行驱动器）、列驱动电路（列驱动器）等部件组成。在双面 PCB 的正面装有 LED 点阵模块，反面装有行驱动电路、列驱动电路。图 6-19 所示为 64×64 LED 单元板的正面和反面。

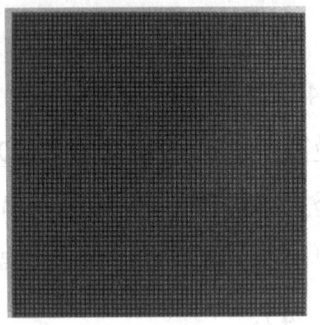

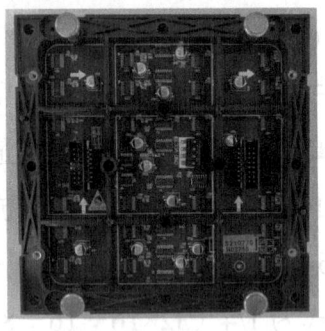

(a) 正面　　(b) 反面

图 6-19　64×64 LED 单元板的正面和反面

LED 点阵屏其实是由很多个 LED 按一定规律排列在一起，用树脂或塑料封装起来，并经过防水处理制成的产品。LED 点阵屏中的行驱动电路、列驱动电路主要有 74HC595D、FM6153、74HC138D 等。

（2）系统控制器（播放盒）。

系统控制器是以单片机为核心的控制部件，用于控制 LED 点阵显示单元。控制器有同步型和异步型两种。同步型控制器主要用于实时显示视频、图文等，被广泛应用于室内或户外大型 LED 全彩显示屏。LED 显示屏同步控制系统控制 LED 显示屏面板的工作方式基本等同于计算机的主机控制显示屏的工作方式。异步型控制器又称脱机控制器，即将计算机编辑好的显示数据预先存储在控制卡内，计算机关机后不会影响显示屏的正常显示。在一般情况下，LED 广告屏采用的是异步型控制器，主要特点是显示屏能脱机工作、操作简单、价格低廉，使用范围较广。

LED 显示屏主要显示各种文字、符号和图形，显示的内容由计算机编辑，经 RS-232、RS-485 串口，或者网线、Wi-Fi 送至控制器，先置入帧存储器，然后按分区驱动方式生成 LED 显示屏所需的串口显示数据和扫描控制时序，最后显示数据和扫描控制时序被输送至行列控制器（接收卡）。

图 6-20 所示为双模播放盒 HD-A4。HD-A4 是第二代同异步双模播放盒，集成同步播放、异步播放、U 盘播放盒视频缩放的四合一播放器，最大控制 65 万像素，板载 8GB 存储空间，标配 Wi-Fi 模块，支持 4G 互联网远程集群控制，支持 HDMI 高清输入等功能。HD-A4 采用 Android 平台，搭载四核 1.6GHz 处理器，支持 60Hz 帧频输出等特性。

（3）行列控制器（接收卡）。

行列控制器可以分析和处理系统控制器输出的信号，并对行列显示数据和扫描控制时序进行分配，从而实现逐屏显示播放，循环往复。图 6-21 所示为 HUB75E 接收卡 HD-R512S，是一款支持异步发送卡、同步发送卡和多合一一体机的通用型接收卡，集成了 12 个 HUB75E 接口，无须转接板，可以与具有 HUB75E 接口的各种全彩模组相连。

图 6-20　双模播放盒 HD-A4 　　　　图 6-21　HUB75E 接收卡 HD-R512S

（4）驱动电源。

LED 显示屏驱动电源采用的是 220V 交流输入、5V 直流输出的开关电源（见图 6-22），为控制器及 LED 单元板提供 5V 直流工作电压。在一般情况下，LED 显示屏驱动电源使用的是铁壳的 LED 专用 5V 电源。

任务实施

图 6-22　开关电源

本任务主要包括两部分：一部分是对 LED 全彩显示屏的硬件进行组装；另一部分是使用 HDPlayer 对 LED 全彩显示屏进行调试。

1．实训器材（见表 6-2）

表 6-2　LED 全彩显示屏组装和调试设备及材料

名　　称	功　　能
LED 单元板	显示各种文字、符号和图形
系统控制器（双模播放盒 HD-A4）	生成显示数据和扫描控制时序
行列驱动器（接收卡 HD-R512S）	分配显示数据和扫描控制时序
开关电源	驱动 LED 单元板

续表

名　　称	功　　能
HDPlayer	控制 LED 显示屏的显示效果
排线	作为信号线
电源线	完成电气连接

2. 实训安全与要求

（1）LED 全彩显示屏的开关顺序。开启顺序：先开启控制计算机，待控制计算机正常运行后再开启 LED 全彩显示屏大屏幕。关闭顺序：先关闭 LED 显示屏，再关闭控制计算机。

（2）播放时不要长时间处于全白色、全红色、全绿色、全蓝色等全亮画面，以免因电流过大而损坏 LED，影响 LED 全彩显示屏的寿命。

（3）如发现短路、跳闸、烧线、冒烟等异常，不应反复通电测试，应及时查找问题原因。

（4）在使用过程中，LED 全彩显示屏不可连续开、关电源，两者操作应相隔至少 1min。

（5）在拼装 LED 单元板时，禁止私自触碰，以免触电或损坏线路，应在指导教师的指导下进行操作。

（6）LED 全彩显示屏需要定期检查是否能够正常工作，线路有无损坏。若不能正常工作，则要及时更换；若线路有损坏，则要及时修补或更换。

3. 实训过程

1）LED 全彩显示屏的组装

（1）LED 全彩显示屏的电源和信号连接示意图。

图 6-23 所示为 LED 全彩显示屏的电源和信号连接示意图。LED 全彩显示屏使用了 4 个开关电源、24 块 64×64 LED 单元板，每个开关电源分别驱动 6 块 64×64 LED 单元板。每个行列控制器分别与 3 组 64×64 LED 单元板串联，4 块级联的 64×64 LED 单元板为一组。行列控制器之间的连接方式是按信号的走向进行级连的。

（2）LED 全彩显示屏的组装步骤。

第一步，安装 64×64 LED 单元板。每块 64×64 LED 单元板的背面都有标识数据走向的箭头和正立方向的垂直箭头。在安装时，每块 64×64 LED 单元板都要按照箭头的指示方向进行组装，不能接反。LED 单元板的背面有 4 根磁柱，用于将 LED 单元板固定在 LED 显示屏的铁架上。图 6-24 所示为 64×64 LED 单元板安装示意图。

项目六 LED 显示屏应用

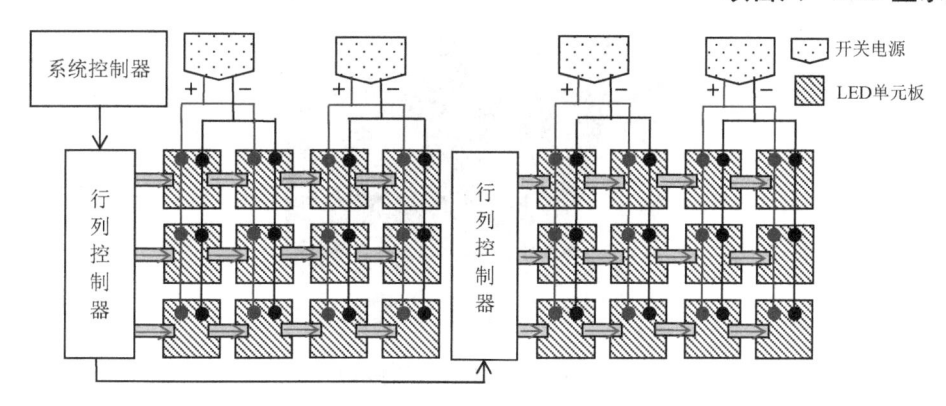

图 6-23 LED 全彩显示屏的电源和信号连接示意图

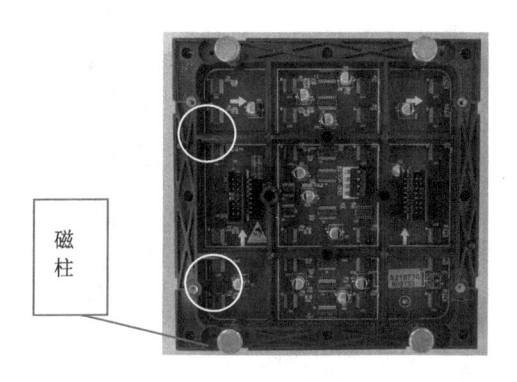

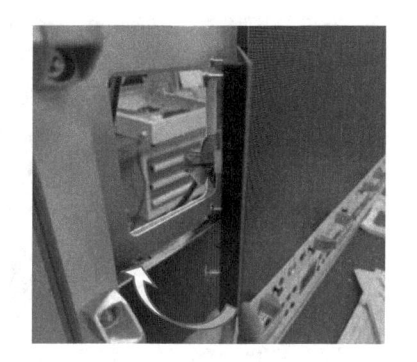

图 6-24 64×64 LED 单元板安装示意图

第二步，连接信号线和电源线。每一行 64×64 LED 单元板上的信号线按级联连接，4 块 64×64 LED 单元板为一组；电源线并联连接。同时，使用排线将行列控制器的 HUB75E 数据接口与每一组 LED 单元板最前面的 64×64 LED 单元板的信号线接口相连。信号线和电源线连接示意图如图 6-25 所示。

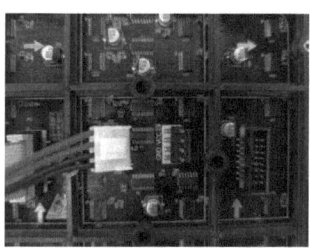

（a）信号线接口　　（b）电源线接口　　（c）两块 64×64 LED 单元板之间的信号与电气连接

图 6-25 信号线和电源线连接示意图

第三步，接通电源。把 64×64 LED 单元板和行列控制器接通+5V 驱动电源。驱动电源接口如图 6-26 所示。系统控制器接通电源适配器的+12V 电源。

图 6-27 所示为 LED 全彩显示屏的背面，可以看出该 LED 全彩显示屏是由 24 块 64×64 LED 单元板拼接在一起的。

LED 技术及应用

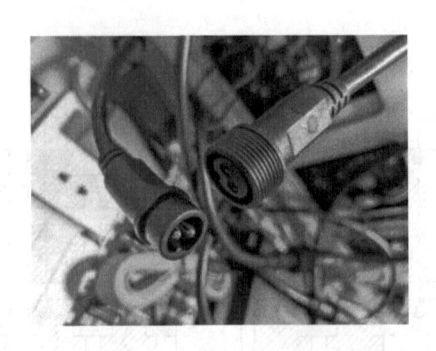

图 6-26 驱动电源接口

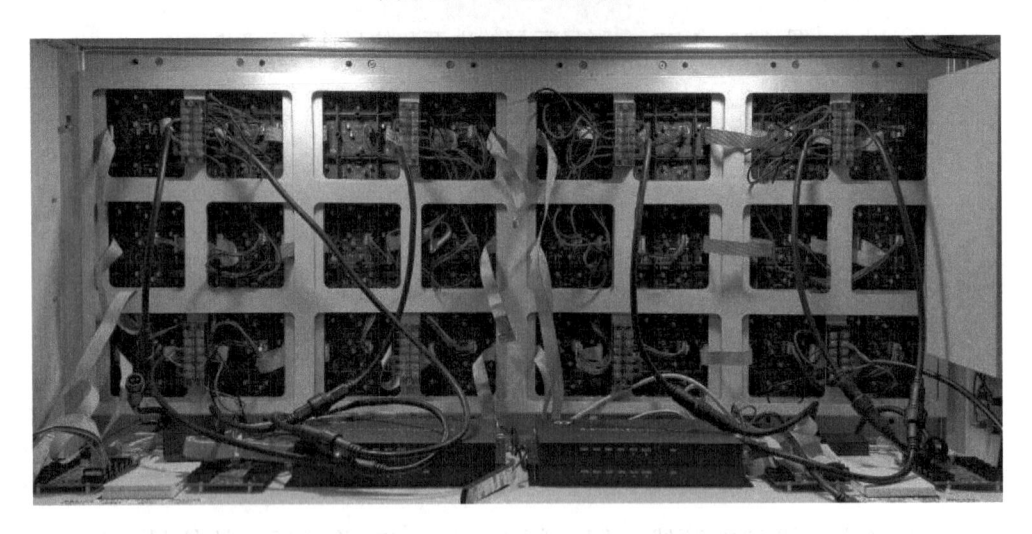

图 6-27 LED 全彩显示屏的背面

2）LED 全彩显示屏的控制与调试

（1）打开 HDPlayer，单击"设置"菜单，打开"屏参设置"对话框，将屏幕大小设置为 512×192。"屏参设置"对话框如图 6-28 所示。

图 6-28 "屏参设置"对话框

（2）在菜单栏中，单击"节目"菜单，选择"单行文本"命令，在"显示"栏下的文本框中输入需要显示的文字，如输入"光电技术"。在"区域属性"栏中调节布局大小，在"显示"栏中设置字体效果和显示效果。图 6-29 所示为节目设置界面。

（3）在菜单栏中，单击"播放"按钮，在计算机端预览显示效果，若文字或图案能正常显示，则退出预览后单击"发送"按钮，LED 全彩显示屏将显示设置的效果。图 6-30 所示为"播放"按钮和"发送"按钮。图 6-31 所示为 LED 全彩显示屏显示效果。

图 6-29　节目设置界面

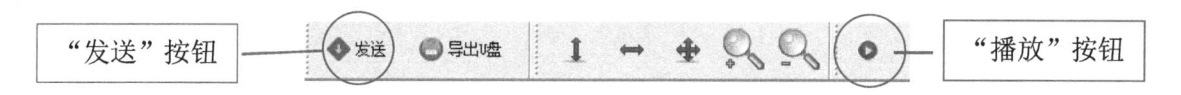

图 6-30　"播放"按钮和"发送"按钮

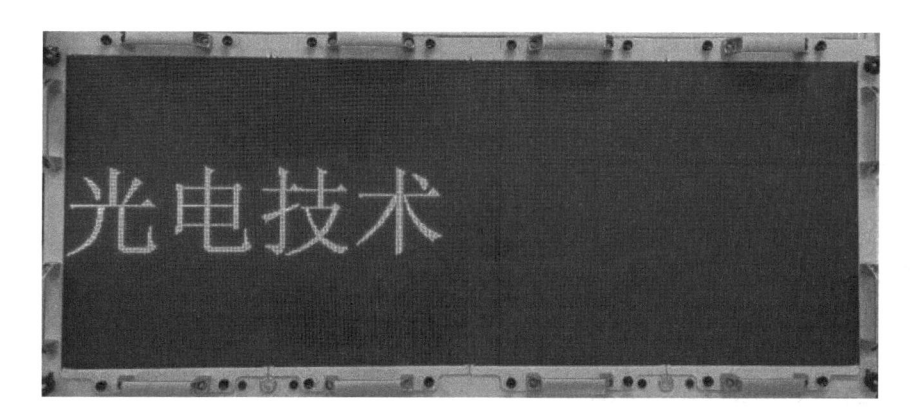

图 6-31　LED 全彩显示屏显示效果

思考：请分别简述系统控制器和行列控制器的作用。

LED 技术及应用

考核

任务考核内容		标准分值	自我评分分值×50%	教师评分分值×50%
专业知识与技能	任务计划阶段			
	实训任务要求	10		
	任务执行阶段			
	数码管的结构	10		
	LED 点阵屏的显示原理	10		
	8×8 点阵屏显示电路、32×16 点阵屏显示电路	10		
	LED 全彩显示屏的结构、组装、调试	10		
	任务完成阶段			
	取模软件的使用	10		
	LED 全彩显示屏节目制作	10		
	LED 全彩显示屏的安装测试效果	10		
职业素养	规范操作（安全、文明）	5		
	学习态度	5		
	合作精神及组织协调能力	5		
	交流总结	5		
合计		100		

学生心得体会与收获：

教师总体评价与建议：

教师签名：　　　　　日期：

思考与习题

1. 什么是像素和像素距（点距）？
2. LED 全彩显示屏的基本模块有哪些？它们是怎样连接的？
3. 在 LED 显示屏上滚动播放"祖国，您好！"应如何操作？

项目七

LED 智能路灯应用

LED 技术及应用

项目目标

1. 了解 LED 智能路灯系统的工作原理。
2. 认识 LED 智能路灯系统的结构。
3. 掌握 LED 智能路灯系统的控制与调试。

思政目标

1. 培养学生节能环保意识，使学生深刻领悟碳达峰、碳中和的意义。
2. 使学生体会科技改善生活的意义，培养学生浓厚的科学兴趣。
3. 使学生掌握科学的系统调试方法，提高学生良好的职业素养。

路灯是人们日常生活中必不可少的公共设施。如今路灯不仅是提供路面照明、方便人们出行的设施，更是城市基础设施的重要组成部分，在城市交通安全、社会治安、人民生活和市容风貌中占有重要地位。在智慧城市建设大浪潮中，现代智能路灯控制设计除具备基本的照明功能外，还考虑了路灯照明系统的使用节能性、操作智能性、维护便捷性等。

任务一 LED 智能路灯系统分析

节能省电是城市智能化的推动因素之一，节能并不是简单地减少照明设备的数量，而是根据实际情况合理分配照明时间，避免不必要的用电。在这一背景下，如何通过硬件控制路灯的亮、灭显得很重要。

任务目标

知识目标

1. 了解 LED 智能路灯系统的功能。
2. 了解 LED 智能路灯系统的结构。
3. 了解 LED 智能路灯系统的工作模式。

技能目标

1. 能分析 LED 智能路灯系统。
2. 能对 LED 智能路灯系统进行手动控制。

任务内容

1. LED 智能路灯系统的功能、结构和工作模式。
2. LED 智能路灯系统的人工控制方式。

知识与技能

1. LED 智能路灯系统的功能简介

传统路灯多采用高压钠灯作为主要光源，高压钠灯具有功率大、亮度高、控制简单等优势。随着高压钠灯光能利用率低、能耗高、寿命短等问题日益凸显，路灯光源逐渐转为新型 LED。随着智慧城市建设热潮的到来，路灯作为城市基础设施的重要组成部分在功能设计上慢慢融入了智能概念，这使路灯的控制变得更加实时化、智能化。

结合当下需求，LED 智能路灯系统应具备以下几项功能。

（1）智能照明。

LED 智能路灯系统具有智能调光功能，可以根据气候、地域、环境等因素自动调节光线亮度和色彩，以达到最佳照明效果和最好节能效应。

（2）远程监测与控制。

LED 智能路灯系统具有远程监测与控制功能，可实时监测路灯运行情况，远程操控路灯的亮灭和切换工作模式。在 LED 智能路灯系统突发故障时，相关维护人员能及时发现并进行处理，从而大大提高故障应对能力。

（3）其他功能。

LED 智能路灯系统还具有其他方面的拓展功能。例如，在路灯杆上装配 LED 显示屏和温度、湿度、二氧化碳等环境监测传感器，传感器监测到的数据被显示在 LED 显示屏上，实时播放环境信息。又如，为路灯接上广播功能模块，在遇到突发事故或紧急情况时，及时向附近区域的人广播。LED 智能路灯系统在智慧城市建设进程中还可以在更多方面发挥作用。

2. LED 智能路灯系统的结构

为便于对 LED 智能路灯系统的结构和工作模式等内容进行说明，本书以一套模拟的

LED 技术及应用

LED 智能路灯系统为载体，通过对该系统进行分析来讲述相关知识和操作。

LED 智能路灯系统的实物外形如图 7-1 所示。

图 7-1　LED 智能路灯系统的实物外形

此 LED 智能路灯系统主要分为供电电路、串口通信电路、单片机控制电路、按键电路、光电传感电路、数码显示电路和 LED 路灯电路，原理框图如图 7-2 所示。

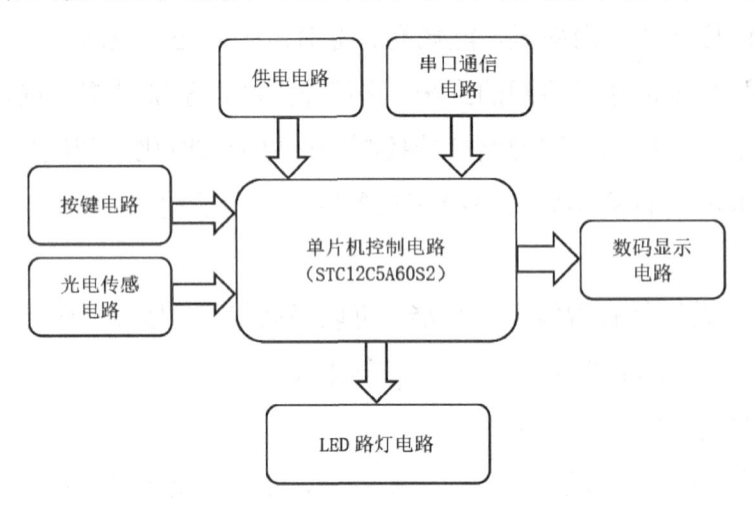

图 7-2　LED 智能路灯系统原理框图

1）供电电路

图 7-3 所示为 LED 智能路灯系统的供电电路，包括电源指示电路和电源供电电路两部分。

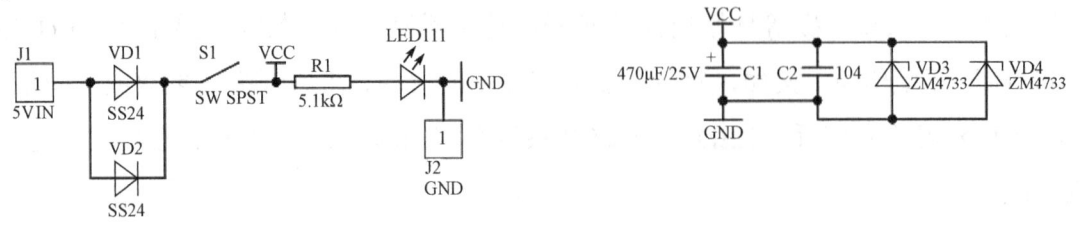

（a）电源指示电路　　　　　　　　（b）电源供电电路

图 7-3　LED 智能路灯系统的供电电路

直流 5V 电源通过 S1 接入电路；二极管 VD1、VD2 保证电源正向输入；LED111 为电源指示灯；电容 C1、C2 构成滤波电路，滤除电源中的交流成分；二极管 VD3、VD4 组成稳压电路，保证供电电路能向其他电路提供较恒定的直流电压。

2）单片机控制电路

图 7-4 所示为 LED 智能路灯系统的单片机控制电路。

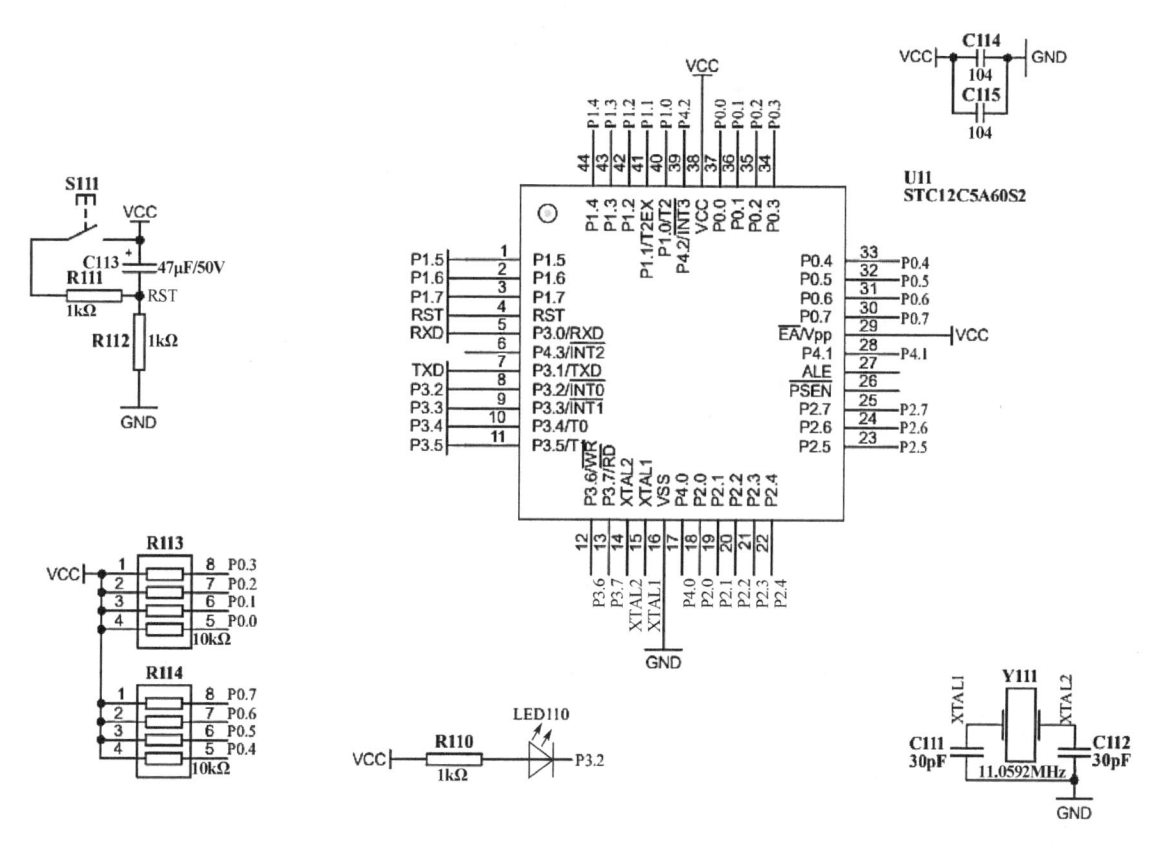

图 7-4 LED 智能路灯系统的单片机控制电路

LED 智能路灯系统的单片机控制电路以 STC12C5A60S2 单片机为核心控制器，该单片机功能强大，是单时钟/机器周期（1T）、高速、低能耗、抗干扰能力超强的新一代 8051 单片机。其指令代码完全兼容传统 8051 单片机，内部集成 MAX810 专用复位电路，配有 2 路 PWM、8 路高速 10 位 A/D 转换电路。其包含了数据采集和控制所需的所有单元模块，由中央处理器（Central Processing Unit，CPU）、程序存储器、数据存储器、定时器、串口、I/O 口，高速 A/D 转换、看门狗及片内 RC 振荡器和外部晶体振荡电路等模块组成。

STC12C5A60S2 单片机引脚排列如图 7-5 所示。

STC12C5A60S2 单片机 I/O 端口分为 4 组，分别是 P0 口（P0.0～P0.7）、P1 口（P1.0～P1.7）、P2 口（P2.0～P2.7）和 P3 口（P3.0～P3.7），均为双向 I/O 口。

STC12C5A60S2 单片机的 P0 口接 6 位一体的 8 段数码管，通过 Q 锁存器 74HC573 进行数据锁存，P1 口、P2 口接 LED 路灯，P3.0 口和 P3.1 口用于串口通信，P3.2 口为状态

LED 技术及应用

指示灯，P3.3~P3.6 口接按键 S112~S115，P3.7 口是光电传感器数据输入端，P4.0 口、P4.1 口接 Q 锁存器 74HC573 的锁存使能端——LE 端。

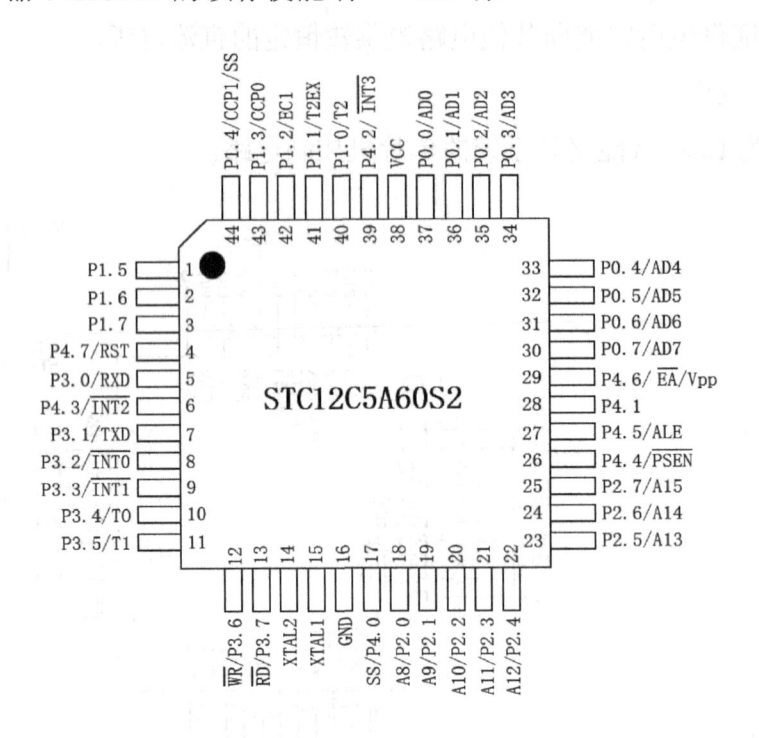

图 7-5 STC12C5A60S2 单片机引脚排列

当 STC12C5A60S2 单片机作为 AT89C51 应用时，P3 口还有一些特殊功能，如下所示。

P3.0：RXD，串口输入口。

P3.1：TXD，串口输出口。

P3.2：$\overline{INT0}$，外部中断 0。

P3.3：$\overline{INT1}$，外部中断 1。

P3.4：T0，计时器 0 外部输入。

P3.5：T1，计时器 1 外部输入。

P3.6：$\overline{WR}$，外部数据存储器写选通。

P3.7：$\overline{RD}$，外部数据存储器读选通。

下面对 STC12C5A60S2 单片机其他端口进行简要介绍。

RST：复位输入，一般外接按钮等元器件，引入复位信号，可使单片机复位。

ALE：地址锁存允许端，当访问外部存储器时，此端口的输出电平用于锁存地址的低位字节。在 FLASH 编程期间，此引脚用于输入编程脉冲。平时 ALE 端会持续输出正脉冲信号，且信号的频率、周期不会改变，频率保持为振荡器频率的 1/6，因此，此信号可用于定时或作为对外输出的脉冲信号。但要注意，当在单片机访问外部数据存储器时，ALE 端会少输出一个脉冲，该引脚的电位也会被略微拉高。

$\overline{\text{PSEN}}$：外部程序存储器内外部选通端，在单片机访问外部存储器时，$\overline{\text{PSEN}}$ 在每个机器周期会动作两次；在单片机访问内部数据存储器时，$\overline{\text{PSEN}}$ 不动作。

$\overline{\text{EA}}/V_{PP}$：当 $\overline{\text{EA}}$ 端保持低电平时，访问外部 ROM；当 $\overline{\text{EA}}$ 端保持高电平时，访问内部 ROM。在 FLASH 编程期间，此引脚用于施加 12V 编程电源（Vpp）。

XTAL1：接反向振荡放大器的输入端，也是内部时钟工作电路的输入端口。

XTAL2：接反向振荡器的输出端。

3）光电传感电路及按键电路

图 7-6 所示为 LED 智能路灯系统的光电传感电路。

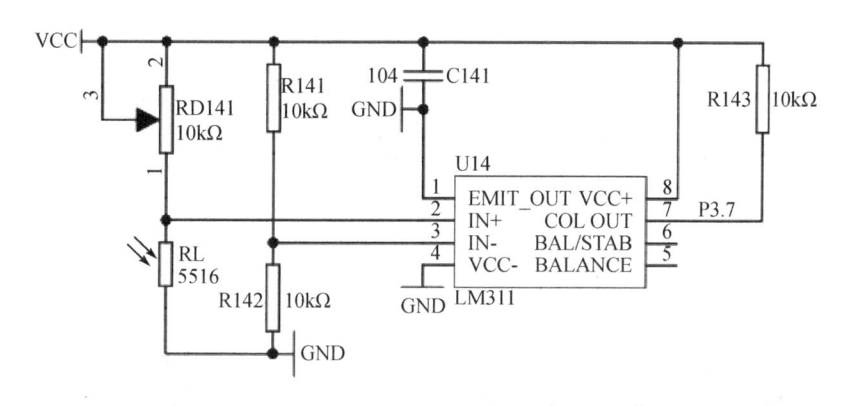

图 7-6　LED 智能路灯系统的光电传感电路

LED 智能路灯系统可以根据实际光照情况调节亮度，合理分配照明时间，一般采用光敏电阻作为传感元件。光敏电阻能随着光照强度的变化改变自身的阻值，从而改变电路参数，实现系统控制要求。

LED 智能路灯系统以 LM311 为电压比较器。LM311 是一款高灵活性的电压比较器，可在直流 5~30V 单电源或±15V 双电源下工作，其外形和引脚排列如图 7-7 所示。

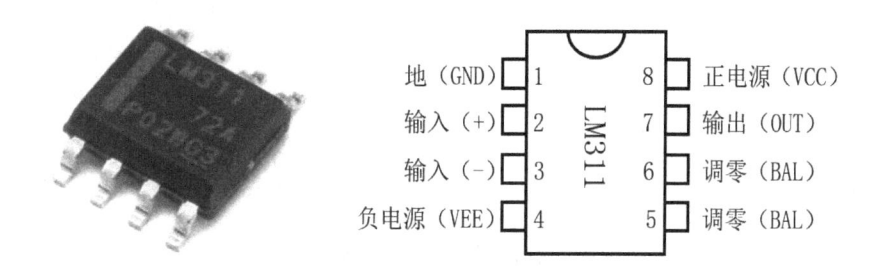

图 7-7　LM311 外形和引脚排列

图 7-6 中的可调电位器 RD141、定值电阻 R141、定值电阻 R142 和光敏电阻 RL 构成了测量电桥电路。当光敏电阻 RL 的阻值随光照情况变化时，电桥电路有输出，输出信号连接到 LM311 的正输入端（2 脚），作为要比较的电压；LM311 的负输入端（3 脚）输入 2.5V 基准电压。当正输入端的输入电压高于负输入端的输入电压时，LM311 输出端（7 脚）

LED 技术及应用

输出低电平；反之，输出高电平。可调电位器 RD141 可以改变光敏电阻 RL 两端的电压值，从而调节光敏电阻 RL 的光感度。

图 7-8 所示为 LED 智能路灯系统的按键电路。其中，S112 为模式切换按键，用于选择 LED 智能路灯系统的工作模式；S113、S114 分别为+功能键、-功能键，用于对当前数值进行增、减操作；S115 为位选功能切换键，用于实现不同数位间的切换。按键规格均为 KEY_6×6×8。

4）数码显示电路

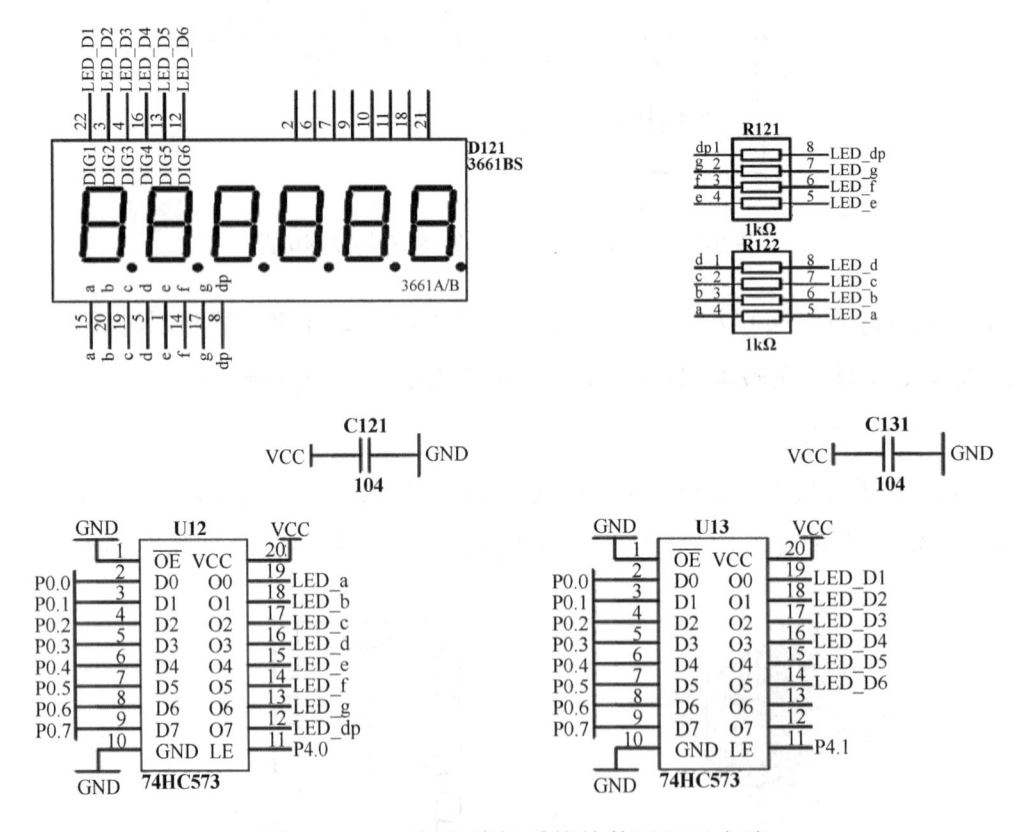

图 7-9 所示为 LED 智能路灯系统的数码显示电路。

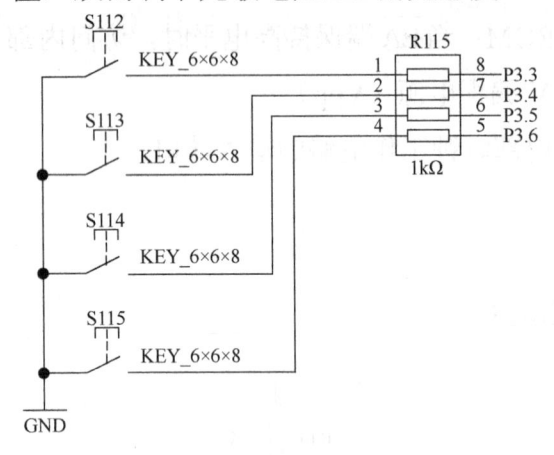

图 7-8 LED 智能路灯系统的按键电路

图 7-9 LED 智能路灯系统的数码显示电路

LED 智能路灯系统的数码显示电路用于显示系统时间及控制时间（格式为 xx:xx:xx）。

LED 智能路灯系统用两块 74HC573 芯片做数据锁存器。数据锁存器在电路中的主要作用是缓存数据，即把当前状态锁存，使输入的数据在接口电路的输出端保持一段时间。锁存时输出端状态不发生变化，直至锁存解除。

74HC573 芯片为包含 8 路 3 态输出的非反转锁存器芯片，属于高性能的硅栅 CMOS

器件。74HC573芯片的外形和引脚排列如图7-10所示,其中,OE(Output Enable)为输出使能端,LE(Latch Enable)为锁存控制端,D0～D7为数据输入端,Q0～Q7为数据输出端,GND为接地端,VCC为电源端。

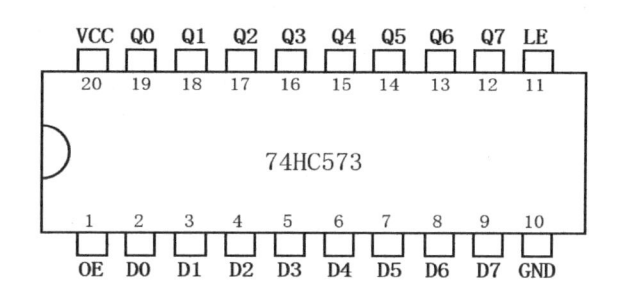

图7-10 74HC573芯片的外形和引脚排列

74HC573芯片真值表如表7-1所示。

表7-1 74HC573芯片真值表

输入		输出	
输出使能端(OE)	锁存使能端(LE)	数据输入端(D0～D7)	数据输出端(Q0～Q7)
L	H	H	H
L	H	L	L
L	L	X	Q0
H	X	X	Z

注：X表示状态不定,Z表示高阻态。

由表7-1可知,当OE端为高电平时,无论LE端与数据输入端为何种电平,数据输出端均为高阻态,此时74HC573芯片处于不可控状态。因此,在设计电路时一般直接将OE端接地,使74HC573芯片一直处于使能状态。当OE端为低电平,LE端为高电平时,数据输出端将随数据输入端输入的电平的高低而变化；当OE端为低电平,LE端也为低电平时,无论数据输入端为何种电平,数据输出端都保持上一次的数据状态Q0。

在LED智能路灯系统中,数码是采用1个6位一体的8段数码管显示的,此类数码管有6个位选端,对应的引脚分别是22脚、3脚、4脚、16脚、13脚、12脚,其中22脚对应数值最高位,12脚对应数值最低位,其他以此类推。而15脚、20脚、19脚、5脚、1脚、14脚、17脚、8脚分别对应数码管中的a段、b段、c段、d段、e段、f段、g段、dp段。数码管显示的数据是通过单片机实现控制的,两个锁存器芯片分别负责显示选择的数位和数码管段位。

5）串口通信电路

图7-11所示为LED智能路灯系统的串口通信电路。

LED智能路灯系统采用的是最常用的串口通信方式。9针(J100)串口公头2脚、3

LED 技术及应用

脚分别接 MAX232 芯片第一数据通道中的 14 脚、13 脚，MAX232 芯片的 11 脚、12 脚分别接 STC12C5A60S2 单片机的 P3.0 口、P3.1 口。

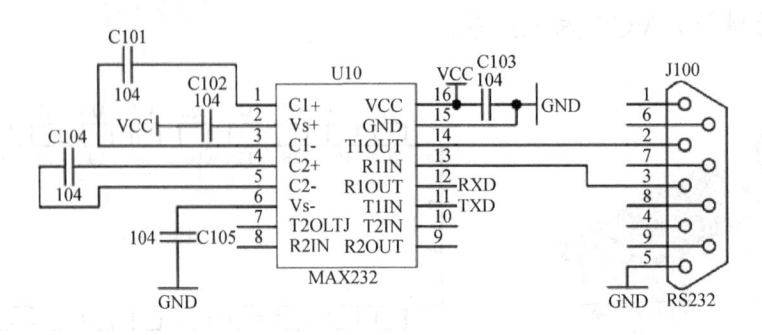

图 7-11　LED 智能路灯系统的串口通信电路

当单片机和计算机进行串口通信时，虽然单片机有串口通信功能，但单片机提供的信号电平和 RS-232 串口的标准不一致，因此需要通过 MAX232 芯片进行电平转换。MAX232 芯片是专为 RS-232 串口设计的单电源电平转换芯片，使用直流 5V 单电源供电。

MAX232 芯片的外形和引脚排列如图 7-12 所示。

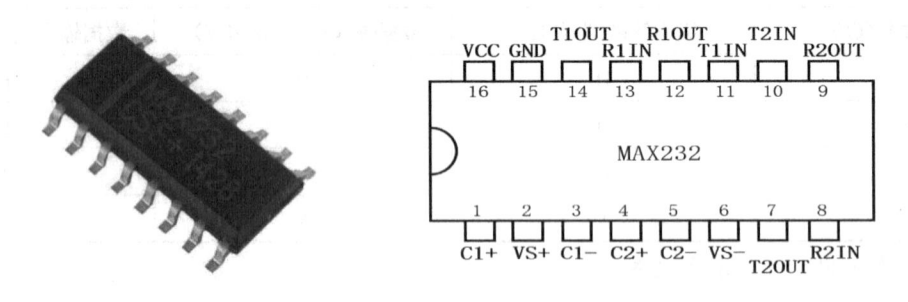

图 7-12　MAX232 芯片的外形和引脚排列

6）LED 路灯电路

图 7-13 所示为 LED 智能路灯系统的 LED 路灯电路，是整个智能路灯系统的负载。路灯采用 16 个高亮且功率较大的 LED 模拟，每个 LED 的亮、灭由 STC12C5A60S2 单片机的 P1 口、P2 口根据设定的运行程序控制。

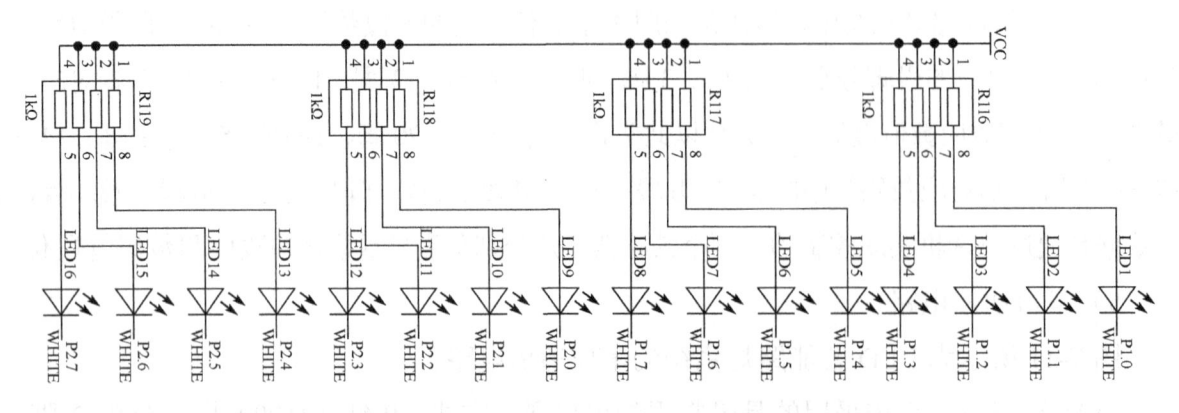

图 7-13　LED 智能路灯系统的 LED 路灯电路

项目七 LED 智能路灯应用

LED 智能路灯系统的完整电路原理图如图 7-14 所示。

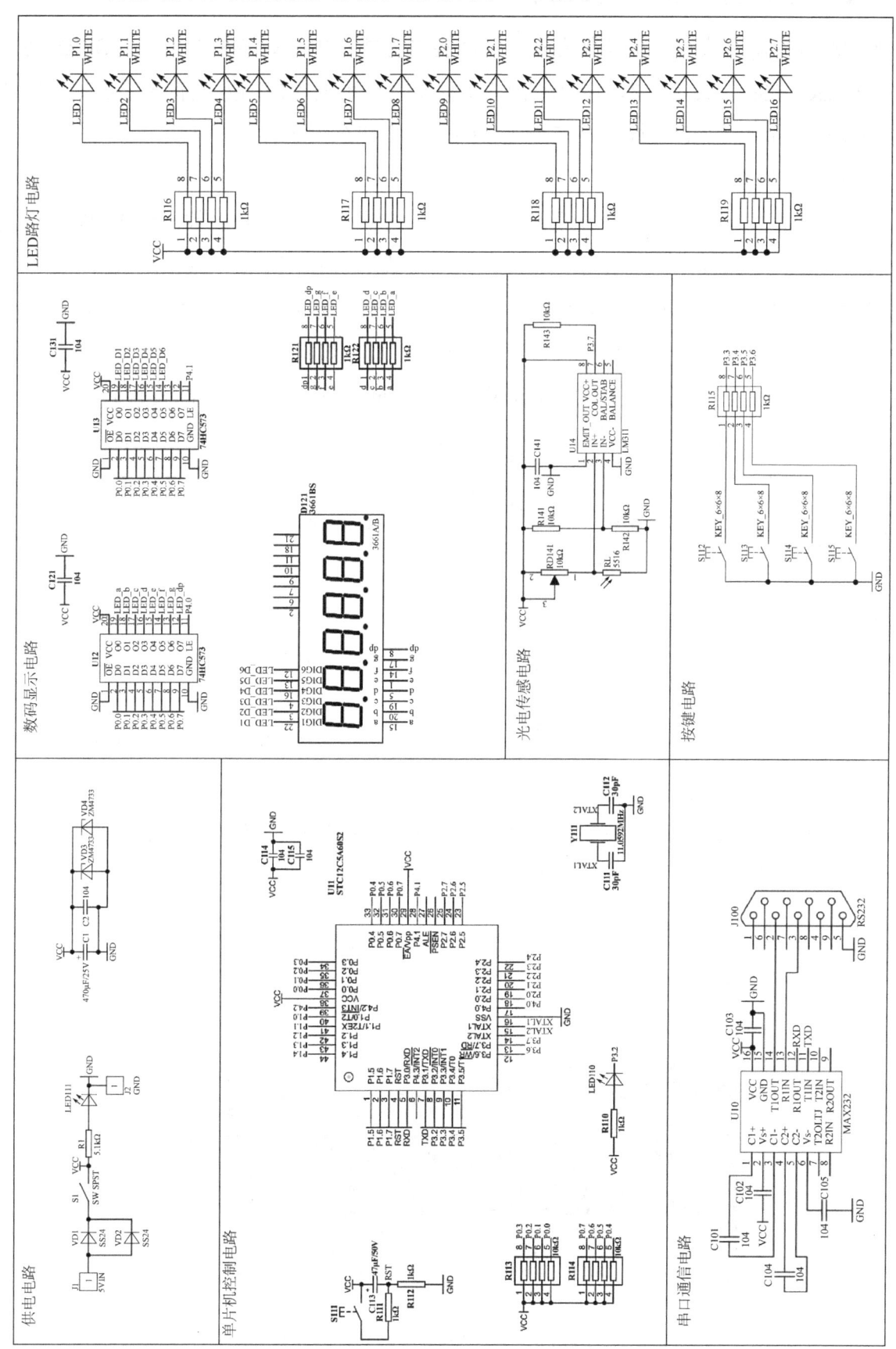

图 7-14 LED 智能路灯系统的完整电路原理图

LED 技术及应用

3. LED 智能路灯系统的工作模式

智能路灯控制方式有人工控制方式、时间控制方式、电力载波控制方式、GPRS 控制方式、ZigBee 控制方式等。本书提及的 LED 智能路灯系统的控制方式有人工控制方式和软件控制方式两种，路灯运行方式有全亮、隔盏点亮和全灭 3 种。

1）人工控制方式

人工控制方式是指通过手动方式设置路灯运行方式及开关时间参数，使 LED 智能路灯系统按预先设定的程序完成亮灯和灭灯操作的方式。LED 智能路灯系统上设有 4 个功能按键和 1 个复合按键。其中，4 个功能按键分别是模式切换键、+功能键、-功能键、位选功能切换键。连续按下模式切换按键可使 LED 智能路灯系统在 4 种不同工作模式之间切换，分别是定时控制模式（数码管最后两位数值不断闪烁，可进行时间设置）、光照强度控制模式（数码管显示 F3）、流水灯测试模式（数码管显示 F4）、单灯控制模式（数码管显示两位十进制数值，表示受控 LED 的具体位置）。

LED 智能路灯系统的功能按键如图 7-15 所示。

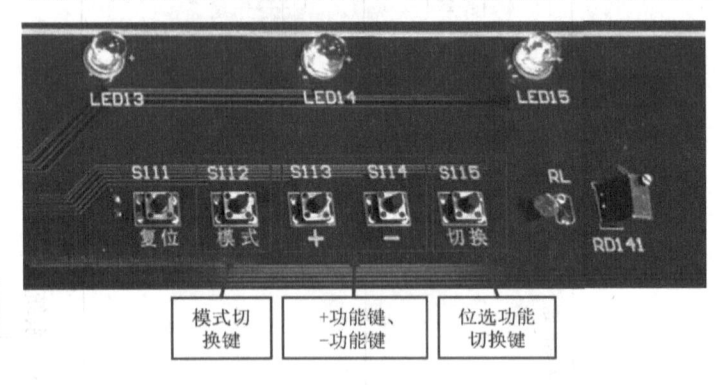

图 7-15 LED 智能路灯系统的功能按键

2）软件控制方式

软件控制方式是指借助 LED 智能路灯系统控制软件将路灯的运行方式及开关时间参数通过串口通信方式写入单片机，从而实现对 LED 智能路灯系统的控制。LED 智能路灯系统控制软件操作界面如图 7-16 所示，包含时间设置、路灯状态显示、任意亮灯控制及智能路灯控制四部分。

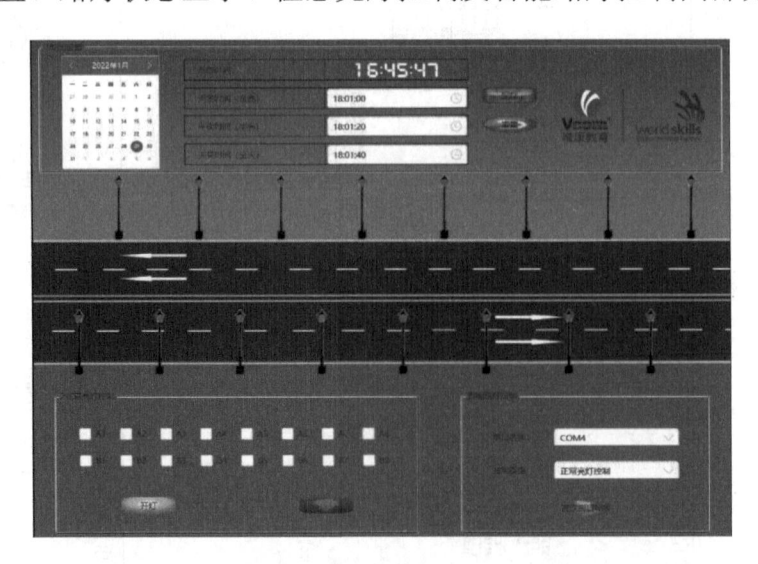

图 7-16 LED 智能路灯系统控制软件操作界面

项目七 LED 智能路灯应用

🔧 任务实施

LED 智能路灯系统能实现智能路灯的定时控制和光照强度控制，本任务主要通过人工控制方式实现智能路灯的定时控制和光照强度控制。

1．实训器材（见表 7-2）

表 7-2　LED 智能路灯系统实训器材

名　　称	功　　能
5V 直流电源	为系统供电
LED 智能路灯系统	路灯参数设置、效果展示

2．实训安全与要求

（1）实训前，按表 7-2 准备实训器材。

（2）接线前，用观察法认真检测所有器材的外观是否完好。

（3）接线时，严格按照指导手册要求准确连接模块电源线。

（4）通电前，仔细检查线路连接是否正确，确认无短路情况。

（5）开机运行前，待现场指导教师确认无安全隐患后方可通电测试。

（6）完成任务后，切断电源并清理工作区域，待指导教师检查无误后方可离开现场。

3．实训过程

1）LED 智能路灯系统效果展示

LED 智能路灯系统接入 5V 直流电源后就会运行，系统上的 6 位数码管显示智能路灯系统的运行时间。系统开启时，当前运行时间默认是 17:59:50，开灯时间默认是 18:00:00，隔盏点亮时间默认是 18:00:10，关灯时间默认是 18:00:20。也就是说，系统开启 10s 后，道路两旁路灯全部点亮；再 10s 后，路灯隔盏点亮；再 10s 后，道路两旁路灯全部熄灭。上述路灯控制要求已写入单片机控制程序，系统一旦开启，可自行运行，相关时间参数可通过更改程序来更改。

图 7-17 所示为 LED 智能路灯系统运行时的全亮和隔盏点亮效果。

2）定时控制

需要设置一定的时间参数，才能使 LED 智能路灯按设定时间运行，此处先通过系统上的按键来设置系统开启时间、开灯时间、隔盏点亮时间和熄灯时间。根据前面的内容可知，S112 是模式切换键，S113 是+功能键，S114 是-功能键，S115 是位选功能切换键。

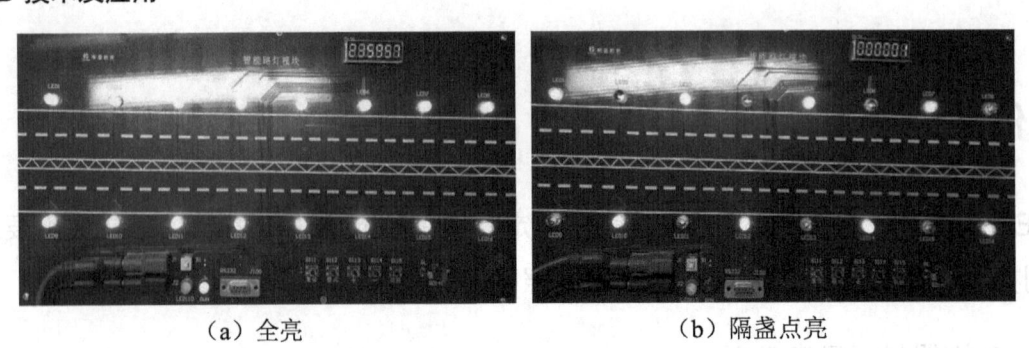

(a) 全亮　　　　　　　　　　　(b) 隔盏点亮

图 7-17　LED 智能路灯系统运行时的全亮和隔盏点亮效果

具体时间参数设置步骤如下。

第一步：按 S112 键，道路两旁的路灯闪烁，系统进入开启时间设置状态，此时数码管最后两位闪烁，提示进行时间秒数的设置。在需要对数值进行加或减操作时，按 S113 键或 S114 键，到达预设值后停止按 S113 键或 S114 键。秒数设置完后，再通过按 S115 键切换数码管数位，分别对分钟和小时参数进行设置，设置方法与秒数设置方法相同。

第二步：设置完系统开启时间后，再次按 S112 键，系统进入开灯时间（路灯全亮）设置状态，数值的加或减同样通过按 S113 键或 S114 键实现。

第三步：完成系统开灯时间设置后，再次按 S112 键，系统进入隔盏点亮时间设置状态，设置方法与系统开灯时间设置方法相同。

第四步：完成第三步的隔盏点亮时间设置后，再次按 S112 键，系统进入关灯时间（路灯全灭）设置状态，设置方法与系统开灯时间设置方法相同。

3) 光照强度控制

可通过按 S112 键来选择光照强度控制模式。连续按动 S112 按键使数码管显示 F3，进入光照强度控制模式，通过遮挡光敏电阻 RL 控制路灯的亮灭。在用物体遮挡光敏电阻 RL 时（模拟天黑），路灯点亮；在不遮挡光敏电阻 RL 时（模拟天亮），路灯熄灭。调节电位器 RD，改变路灯点亮需要的光照强度的临界值。

图 7-18 所示为 LED 智能路灯系统光照强度控制模式运行效果。

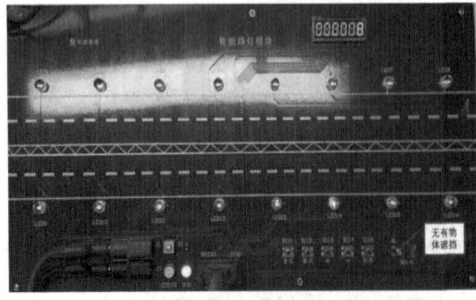

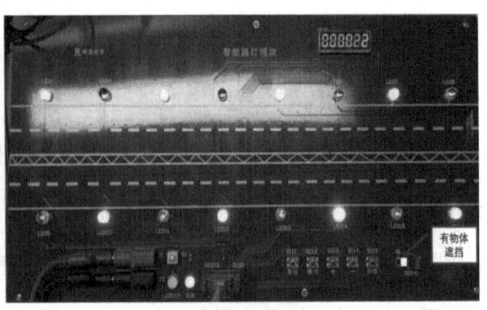

(a) 模拟天亮　　　　　　　　　(b) 模拟天黑

图 7-18　LED 智能路灯系统光照强度控制模式运行效果

思考：LED 智能路灯系统相关参数的设置，除了可以通过系统上的按键来设置，是否还有其他更便捷的方式？

任务二　LED 智能路灯系统的控制、调试及故障检测

智能路灯控制系统能对每盏路灯进行独立控制，采集每盏路灯的信息，并通过网络将相关信息反馈给监控室的上位机，通过上位机控制智能路灯的运行情况。

任务目标

知识目标

1. 了解 LED 智能路灯控制系统的工作原理。
2. 熟悉 LED 智能路灯控制系统。

技能目标

1. 掌握 LED 智能路灯控制系统的操作方法。
2. 掌握 LED 智能路灯控制系统与 LED 智能路灯系统的通信方法。
3. 能分析 LED 智能路灯系统的运行故障。

任务内容

1. LED 智能路灯控制系统的工作原理。
2. LED 智能路灯系统的控制与调试。
3. LED 智能路灯系统的故障检测。

知识与技能

1. LED 智能路灯控制系统的工作原理

LED 智能路灯控制系统的硬件结构以 STC12C5A60S2 单片机为主控制器，利用光敏电阻采集到的数据信号控制 LED 路灯的亮、灭。通过调试"光电技术实训系统"，使 LED 智能路灯控制系统在模拟光线变化的环境下控制 LED 路灯亮、灭和亮度，以及转换 LED 路灯控制模式。

LED 技术及应用

图 7-19 "光电技术实训系统"首页

2. LED 智能路灯系统的控制与调试

1）LED 智能路灯控制软件界面简介

双击计算机桌面上的"光电技术实训系统"图标" "，进入用户登录界面，输入用户名及密码（默认用户名为 admin，密码为 123456），单击"确认"按钮进入"光电技术实训系统"首页，如图 7-19 所示。

在"光电技术实训系统"首页"实操控制区"单击"智能路灯"图标" "，进入 LED 智能路灯系统控制软件操作界面，如图 7-16 所示，已在任务一中说明，此处不再赘述。

2）LED 智能路灯系统的控制

LED 智能路灯系统的控制方式有两种：一是定时控制，二是光照亮度控制。

若采用定时控制，则需提前设置 LED 智能路灯系统的开灯时间、关灯时间等参数。在设置时间参数时，可以通过手动操作光电技术实训台上的按键完成，也可以以串口通信的方式通过 LED 智能路灯系统控制软件将相关参数写入单片机。设置好参数后，LED 路灯会根据时间参数定时点亮和熄灭。

当采用光照强度控制时，LED 智能路灯系统以光敏电阻 RL 为传感器，采集外界环境的光照信息。采集回来的光照信息由相应的转换电路转换为电信号，并送入单片机控制系统进行数据分析和处理。在光照不足时，光敏电阻 RL 的阻值变大，光电传感电路输出高电平到单片机 P3.7 口，单片机接收此信息并做出判断——此时是天黑时刻应点亮路灯，LED 路灯被点亮；当光照强度增大时，光敏电阻 RL 的阻值变小，单片机接收到相反的电平信号，控制 LED 路灯熄灭。

3）LED 智能路灯系统的调试

第一步，连接与检查硬件电路。接通 LED 智能路灯系统的 5V 直流电源，检查电源指示灯是否能正常点亮，连接 LED 智能路灯系统与计算机之间的串口通信线，查看运行指示灯是否能正常闪烁。

第二步，设置 LED 智能路灯系统通信参数。安装串口驱动，查看端口，设置串口连接相关参数。

第三步，设置 LED 智能路灯控制系统。通过软件写入的方式设置 LED 路灯开灯时间、关灯时间等参数。完成参数设置后，先运行 LED 智能路灯控制系统，测试 LED 路灯是否能实现定时控制；然后测试任意 LED 路灯亮灭控制是否正常；最后进入光控模式，遮挡光敏电阻 RL，测试光照强度控制模式是否能正常运行。

3．LED 智能路灯系统的故障检测

LED 智能路灯系统在运行过程中可能会遇到多种故障，现对其进行归类分述。

1）供电电源的检测

基于电子技术的特性，绝大部分电子设备要求电路中必须有能够产生连续且稳定的电功率的直流电源电路，以驱动负载。通常将能提供稳定直流电压的电源叫作直流稳压电源。直流稳压电源通常由电源变压器、整流电路、滤波电路和稳压电路四部分电路组成，其原理框图如图 7-20 所示。

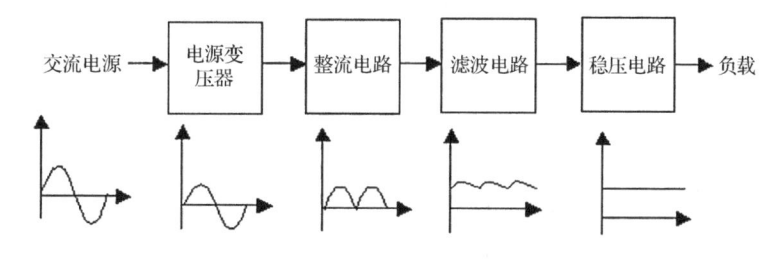

图 7-20　直流稳压电源原理框图

LED 智能路灯系统的供电电源由 S1 键控制，可能出现的故障现象如下。

（1）接通电源，指示灯不亮，但其他电路有响应。

（2）接通电源，指示灯亮，但其他电路无响应。

（3）接通电源，指示灯不亮，且其他电路无响应。

出现以上问题，均需要检测 LED 路灯电路供电电源是否正常。在检测时，可采用电压检测法。操作方法：选用数字万用表直流电压 10V 挡，黑表笔固定接电路共地端，红表笔作为移动测量端，先测量 J1 口输入电压值是否正常，排除电源输入问题；再沿电路原理图依次测量二极管 VD1、二极管 VD2、电阻 R1、电源指示灯 LED111 等各段电路电压值，逐段排除电路故障。

2）光敏电阻的检测

光敏电阻是利用半导体材料（硫化镉晶体）的光电效应制成的电阻值随入射光的强弱变化的特殊电阻，其特点是内部光敏层对光线非常敏感，光线弱时，电阻值增大；光线强时，电阻值减小。光敏电阻受到光照时的电阻值称为亮电阻，其值在 20kΩ 以内；光敏电阻没有光照时的电阻值称为暗电阻，其值大于 100MΩ。

光敏电阻常用电阻测量法检测，用数字万用表电阻挡分别测量其亮电阻和暗电阻，具体操作方法如下。

（1）测量亮电阻。

在测量亮电阻时，先在透光状态下用手电筒照射光敏电阻的受光窗口，如图 7-21（a）所示，然后将数字万用表置于 R×1kΩ 挡测量其电阻值。此时，数字万用表读数就是亮电

阻，电阻值通常为数千欧或数十千欧。亮电阻越小，说明光敏电阻性能越好。若亮电阻很大或为无穷大，则说明光敏电阻内部已开路，不能继续使用。将手电筒移开，数字万用表指针摆动幅度越大，光敏电阻性能越好。

（2）测量暗电阻。

在测量暗电阻时，先用黑纸片遮住光敏电阻的受光窗口或用不透明的遮光筒将光敏电阻盖住，如图7-21（b）所示，然后将数字万用表置于R×1kΩ挡或R×10kΩ挡测量其电阻值，此时数字万用表读数就是暗电阻，电阻值应很大或接近无穷大，通常为兆欧数量级。暗电阻越大，说明光敏电阻性能越好。若暗电阻很小或接近于零，则说明光敏电阻已损坏，不能继续使用。

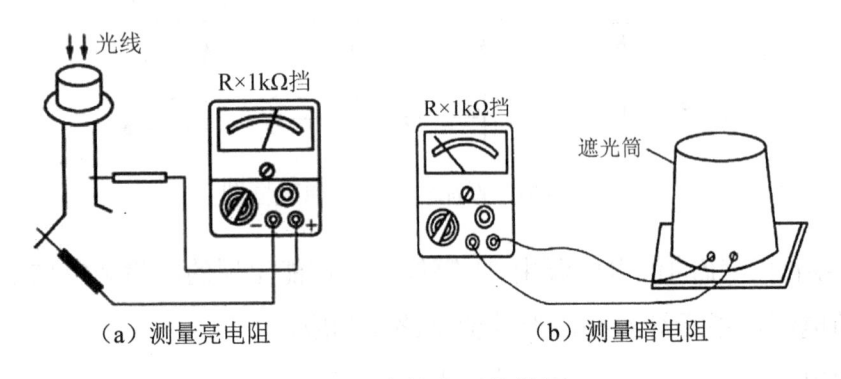

（a）测量亮电阻　　　　（b）测量暗电阻

图 7-21　光敏电阻的检测

（3）检测注意事项。

在测量亮电阻和暗电阻时，不可用手接触光敏电阻引脚，以免影响其电阻值。

3）通信连接检测

当采用软件控制时，LED 智能路灯系统需与计算机之间进行串口通信。只有通信正常，才能实现对 LED 智能路灯系统的控制。因此，若发现时间参数等不能正常写入单片机，即计算机与 LED 智能路灯系统间通信异常，则可按如下方法进行排查。

（1）检查串口连接线是否能正常工作。

（2）检查 LED 智能路灯系统串口是否正常。

（3）检查 LED 智能路灯控制软件上是否进行了端口设置，设置的端口号是否与设备管理器中的端口号一致。

任务实施

LED 智能路灯系统可通过"光电技术实训系统"进行软件控制。本任务主要是运用"光电技术实训系统"对 LED 智能路灯系统进行参数设置和运行控制。

1. 实训器材（见表7-3）

表7-3　LED智能路灯系统控制与调试实训器材

名　　称	功　　能
5V直流电源	为系统供电
LED智能路灯系统	设置路灯参数、展示效果
笔记本电脑	安装"光电技术实训系统"
RS-232串口线	实现计算机与LED智能路灯系统间的串口通信

2. 实训安全与要求

（1）实训前，按表7-3准备实训器材。

（2）严格按照指导手册要求准确连接5V直流电源线和通信串口线。

（3）通电前，注意检查线路连接是否正确，确认无短路情况。

（4）通电测试时，要通知现场指导教师，不可私自上电。

（5）完成任务后，切断电源并清理工作区域，待指导教师检查无误后方可离开现场。

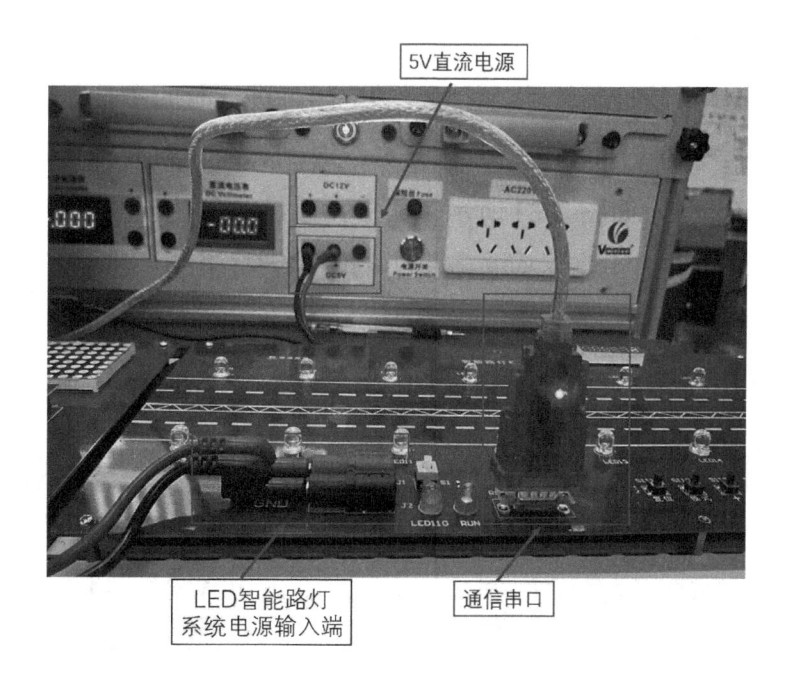

3. 实训过程

1）LED智能路灯系统的硬件连接

将光电技术实训台上的直流5V电源线的+端、-端分别用红色和黑色香蕉插头连接LED智能路灯系统上的5V IN端和GND端，将LED智能路灯系统与计算机之间的串口连接好，如图7-22所示。

图7-22　LED智能路灯系统的硬件连接

LED 技术及应用

2）LED 智能路灯系统的通信连接

连接好串口线后，先安装串口驱动，再打开计算机的"设备管理器"窗口，如图 7-23 所示，查看通信串口占用的端口信息，在 LED 智能路灯系统控制软件界面中，将"串口选择"设置得与该端口号一致。

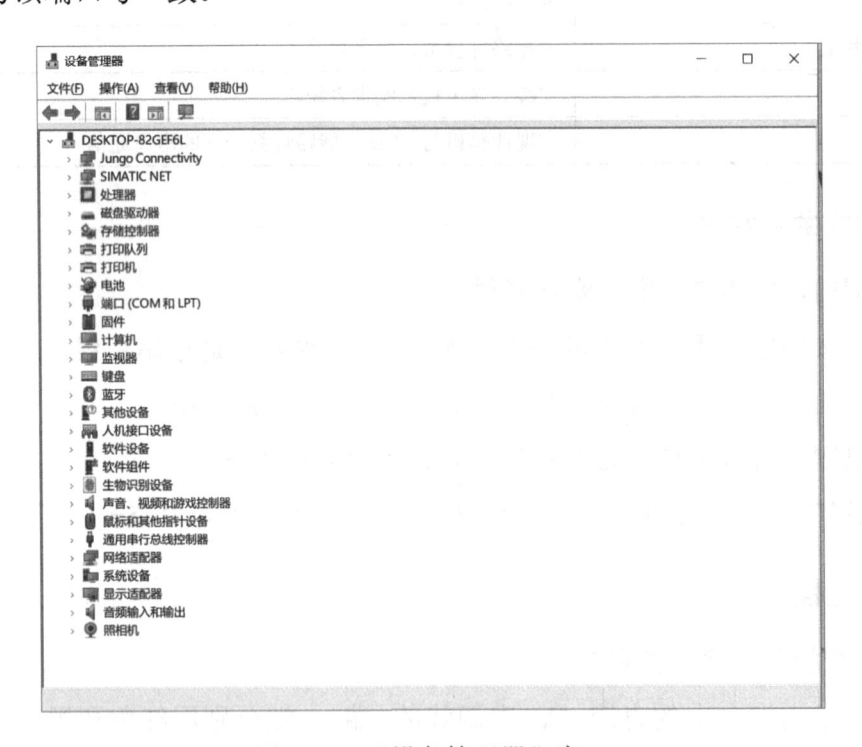

图 7-23 "设备管理器"窗口

3）LED 智能路灯系统控制软件设置

（1）LED 路灯亮灭时间设置。

在 LED 智能路灯系统控制软件"时间设置"区可进行时间参数，即年份、月份、星期及日期的设置，共有 4 个时间参数，分别是系统时间、天黑时间（全亮）、午夜时间（半亮）及天亮时间（全灭），如图 7-24 所示。其中，系统时间为当前计算机时间，其余 3 个时间的时、分、秒均可通过单击对应文本框中的时钟图标" ⌚ "或直接输入来修改。设置完成后，单击"保存"按钮保存参数。若需要重新设置时间，则单击"重置"按钮，使系统自动恢复初始状态。

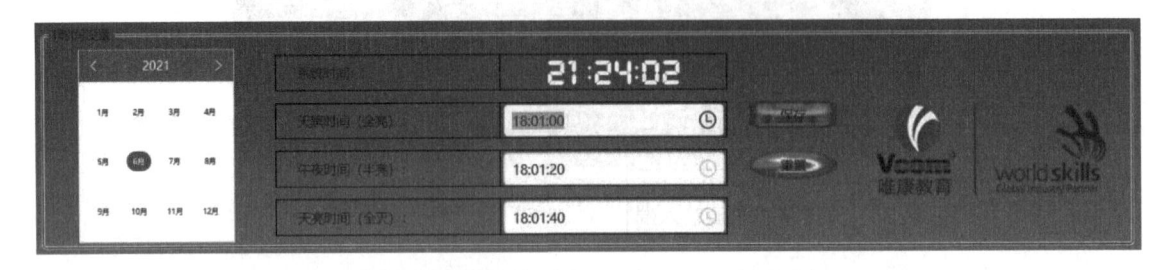

图 7-24 "时间设置"区

在 LED 智能路灯系统控制软件"智能路灯控制"区设置串口和控制类型，如图 7-25 所示。单击"串口选择"下拉按钮，选择串口，软件默认串口为 COM4。在实际操作时需要根据计算机"设备管理器"窗口中的端口匹配情况选择串口。单击"控制类型"下拉按钮，选择控制类型，该 LED 智能路灯系统控制软件共有 4 种控制类型，分别是正常亮灯控制、人工亮灯控制、任意亮灯控制和解除任意控制，软件默认控制类型为"正常亮灯控制"。在实际操作时可根据实际控制需求设置控制类型。完成串口选择和控制类型选择后，单击"发送到目标板"按钮，将控制命令发送到 LED 智能路灯系统。

图 7-25 "智能路灯控制"区

需要注意的是，LED 智能路灯系统控制软件界面上任意一处设置发生更改，均需要单击一次"发送到目标板"按钮，才能在 LED 智能路灯系统上更新相关设置。

（2）LED 路灯任意亮灯控制。

根据模拟路面 LED 路灯的数量在 LED 智能路灯系统控制软件的"任意亮灯控制"区设置 A、B 两组路灯，每组灯有 8 盏，共有 16 盏，如图 7-26 所示。在此区域既可以实现单独控制任意一盏 LED 路灯的开关，也可以实现同时控制多盏 LED 路灯的开关。例如，同时勾选 A、B 两组 LED 路灯中的 A1、A2、A3、B5、B6、B7 六盏灯，单击"开灯"按钮，相应编号的 LED 路灯会同时点亮，开灯效果如图 7-27 所示。单击"关灯"按钮，相应编号的 LED 路灯会同时熄灭。

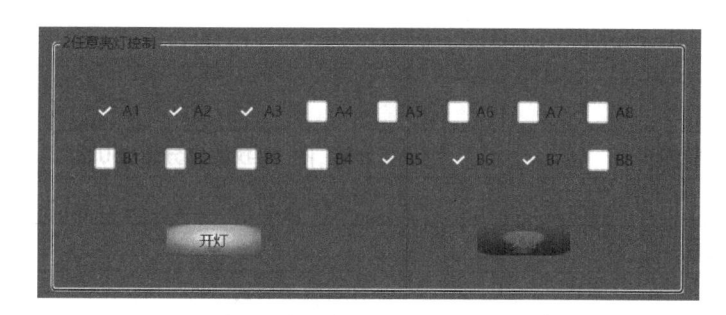

图 7-26 "任意亮灯控制"区

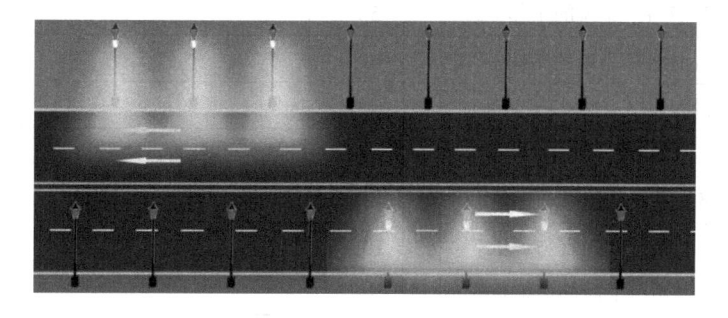

图 7-27 开灯效果

LED 技术及应用

若要用软件控制 LED 智能路灯系统实现任意亮灯，则需要在"智能路灯控制"区将"控制类型"设置为"任意亮灯控制"，如图 7-28 所示。设置完成后，单击"发送到目标板"按钮，将控制命令发送到 LED 智能路灯系统。

（3）光照强度控制 LED 路灯亮灭。

单击"智能路灯控制"区中的"控制类型"下拉按钮，选择"人工亮灯控制"选项，如图 7-29 所示。设置完成后，单击"发送到目标板"按钮，将控制命令发送到 LED 智能路灯系统。此时 LED 智能路灯系统数码管显示 F3，在此模式下可通过遮挡光敏电阻来控制 LED 路灯的亮灭。当将光敏电阻用黑纸片或不透光的遮光筒遮挡模拟天黑时，LED 路灯应点亮；当不遮挡光敏电阻模拟天亮时，LED 路灯应保持熄灭状态。

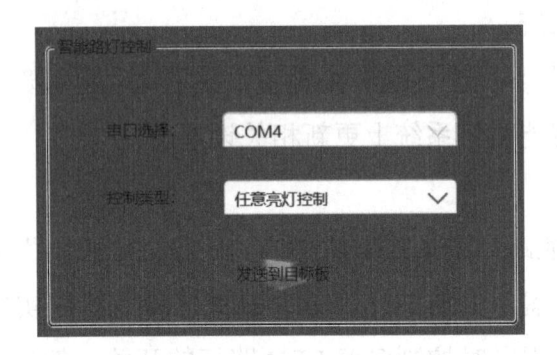

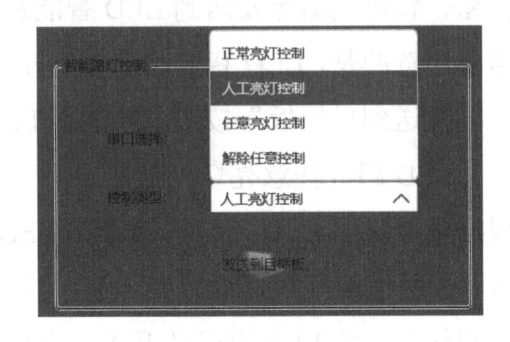

图 7-28 将"控制类型"设置为"任意亮灯控制"   图 7-29 选择"人工亮灯控制"选项

思考：LED 智能路灯系统定时控制的时间参数既可以通过硬件按钮进行设置，也可以通过软件进行设置，二者的优缺点是什么？

考核

	任务考核内容	标准分值	自我评分分值×50%	教师评分分值×50%
	任务计划阶段			
	实训任务要求	10		
	任务执行阶段			
专业知识与技能	了解 LED 智能路灯技术的发展情况	5		
	了解 LED 智能路灯系统的工作原理	5		
	理解 LED 智能路灯系统的结构	10		
	实训设备使用	10		
	任务完成阶段			
	LED 智能路灯系统的连接与演示	10		
	LED 智能路灯系统的运行与调试	10		
	LED 智能路灯系统的时间参数设置	10		
	实训效果	10		

续表

任务考核内容		标准分值	自我评分分值×50%	教师评分分值×50%
职业素养	规范操作（安全、文明）	5		
	学习态度	5		
	合作精神及组织协调能力	5		
	交流总结	5		
合计		100		

学生心得体会与收获：

教师总体评价与建议：

教师签名：　　　　　日期：

思考与习题

一、填空题

1. LED 智能路灯系统主要由供电电路、串口通信路、_____、_____、_____、数码显示电路和 LED 路灯组成。

2. 数码管按段数有_____和_____之分。

3. LM311 是一款高灵活性的_____，可采用单电源或双电源供电。

4. 智能路灯控制方式有人工控制、_____、电力载波控制、_____、ZigBee 控制等。

二、简答题

1. 结合当下需求，请简述 LED 智能路灯系统应具备哪些基本功能。

2. 简述 LED 智能路灯系统的系统结构。

3. 简述 LED 智能路灯系统的工作原理。

4. 试分析 LED 智能路灯系统在运行过程中可能出现的故障。

5. 简述 LED 智能路灯系统的调试过程。

项目八

LED 智能照明系统

项目八　LED 智能照明系统

项目目标

1. 了解 LED 智能照明系统的结构和原理。
2. 掌握 LED 智能照明系统的调试方法。
3. 了解 LED 智能照明系统的应用。

思政目标

1. 培养学生的节能环保意识，深刻领悟碳达峰、碳中和的意义。
2. 使学生了解科学的系统分析方法，培养学生严谨、细致的工作态度。
3. 使学生体会科技改善生活的意义，拓宽学生的科技视野，培养学生的创新意识。

随着我国经济实力的发展和现代科学技术水平的提高，以及近年来 LED 行业技术和产业链的日渐成熟，LED 智能照明系统应运而生，并在城市建设、居家生活和商业活动中得到普及。智能照明系统是在传统照明系统的基础上发展起来的，但突破了传统照明系统的操作局限，能够带来更智能的使用体验，满足人们对于照明的不同需求，为人们的生活带来了极大便利。

任务一　LED 智能照明系统的分析

随着生活水平的提高，人们对照明系统的控制和功能多样化的需求日益增高，大部分传统照明系统存在电气布线繁杂、能耗高、照明环境单一的问题，不能满足人们对照明环境的更高要求。LED 智能照明系统将智能物联控制技术和 LED 的节能优势有效融合，可以达到节能减排、降低照明运行成本、改善照明体验的目的。

任务目标

知识目标

1. 了解 LED 智能照明行业的发展概况。
2. 了解 LED 智能照明系统的结构。

LED 技术及应用

3. 了解 LED 智能照明系统的工作原理。

技能目标

1. 能分析 LED 智能照明系统。
2. 能搭建 LED 智能照明系统。

任务内容

1. LED 智能照明系统结构和工作原理。
2. 选用 LED 智能照明系统产品,搭建 LED 智能照明系统。

知识与技能

1. LED 智能照明系统结构

当今世界能源紧缺,节约能源成了目前各用能领域的趋势。

随着灯具科技的发展,LED 灯具逐渐成为节能灯具的主力军。LED 灯具有节能环保等特点,被称为第四代照明光源。随着 LED 光效的提高,以及价格的逐步降低,LED 灯具在通用照明方面具有很大优势。当然,合理地使用光源,尽量减少不必要的照明,有利于更好地实现节能。因此,优化控制系统也很重要。

LED 智能照明系统是在传统照明系统的基础上,用 LED 智能灯具替代传统光源,用智能开关器件替代传统开关设备,以有线、无线网络为信息载体,依赖于物联网技术、有线和无线通信技术、电力载波通信技术、嵌入式计算机智能化信息处理技术及节能控制技术等的分布式照明电路控制网络系统。

LED 智能照明系统结构图如图 8-1 所示。由图 8-1 可以看出,整个 LED 智能照明系统按层级可以分为三层,分别是应用层、控制层和设备层。应用层由 LED 智能照明系统使用者(用户)组成,他们借助平板电脑或手机通过软件实现对控制层和设备层的管理和控制。控制层主要由控制模块、调光模块、传感器和场景控制模块等可通断和调节电路的控制器件组成,一般是指智能开关、智能传感器或场景开关等。设备层由各类 LED 灯具组成,是整个照明系统的末端执行器(负载)。这些 LED 灯具分布于各种不同的照明环境中,组成了各类不同的照明应用场景。

因此,组成 LED 智能照明系统的产品一般包括智能终端控制软件、有线或无线网络、开关控制模块、智能传感器、现场控制面板或液晶触摸屏、LED 照明灯具、智能电动窗帘等部件。

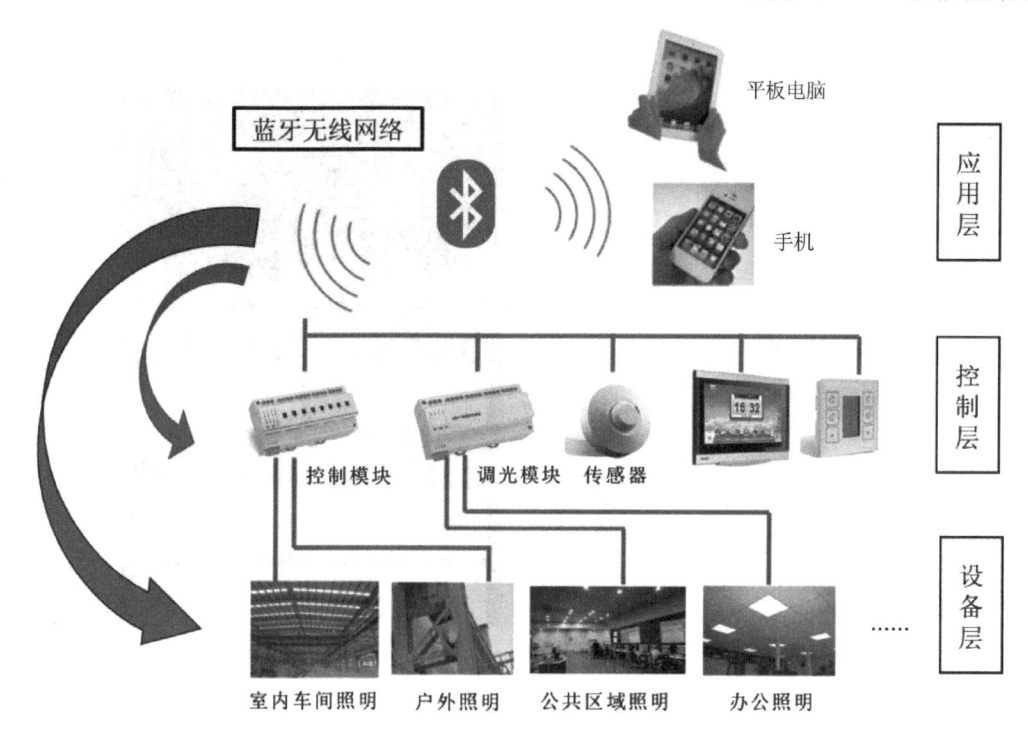

图 8-1 LED 智能照明系统结构图

2. LED 智能照明系统工作原理

人们在生产、生活中应用的照明设备主要采用的控制方式有人工控制方式、定时控制方式、声音控制方式、光照控制方式。无论采用哪种控制方式，在一定程度上都存在电力资源浪费，同时长期持续的照明还会大大降低灯具的寿命。

所谓智能照明系统，就是根据不同时间段、室外光亮度或该区域的用途，自动调节照明设备的亮度并控制其开关，以达到节能、高效照明的目的的系统。在实际应用中，我们可以根据照明区域的具体用途、一天中的不同时间段等预设照明效果，搭建多种照明场景，如上班、下班、午休或会议室照明、客厅照明、卧室照明等。LED 智能照明系统中的照明设备均为 LED 灯具。

LED 智能照明系统的主要控制方式有以下几种。

（1）中央集中控制。

智能控制 App 是个性化定制的应用和监控软件，为用户提供了一个简洁、清晰、操作简便的界面，可实现对各照明设备参数的设定、修改，以及对照明场景的照明状态的监控。

（2）场景搭建控制。

用户可以根据实际照明需求搭建多种照明场景，如上班、下班等，如图 8-2（a）所示。这些场景可以被应用到各种照明环境中，如会议室照明、教室照明、影院照明等。灯光控制和其他设备联动，可以营造不同的灯光效果。图 8-2（b）所示为会议室照明场景。

LED 技术及应用

(a) 搭建多种照明场景　　　　(b) 会议室照明场景

图 8-2　照明场景搭建控制

图 8-3　教室照明场景

(3) 可预知时间表控制。

根据固定的时间表搭建不同照明场景，配合上班、下班、午休等活动，让灯具随工作日、周末、节假日等发生变化。可预知时间表控制通常采用时钟管理器实现，通过进行必要的设置，保证在特殊情况（如加班）下灯能亮，以免活动中的人突然陷入黑暗环境。图 8-3 所示为教室照明场景，其按照固定时间表设置了上课、下课场景。

(4) 不可预知时间表控制。

有些场所（如影院或休息室等）中的人员活动是不规律的，这时可以利用人体红外感应器、智能微动传感器等，实现在人进入场所时亮灯或切换到某种预置场景。在影院中，可通过在座位下方安装智能微动传感器，实现在有人移动时开灯，在人落座时关灯。图 8-4 所示为影院照明场景。

LED 智能照明系统主要具有以下特点。

(1) 集成化控制：LED 智能系统的任意照明回路的通断及照明灯具的亮度、色温等可集中控制。

(2) 智能化控制：借助智能控制 App，可以搭建多种照明场景，不同照明场景间的切换可通过智能控制 App 远程控制或通过场景开关近距离操作。

项目八　LED 智能照明系统

（3）系统网络化：LED 智能照明系统中的每个产品均具有蓝牙通信功能，各设备可通过串口或蓝牙实现联网。在智能控制 App 上绑定设备，就可以对各种照明场景进行线上搭建，或者单独控制 LED 智能照明系统内的某个产品的照明效果。

（4）LED 智能照明系统使用方便，通过有线、无线网络和实地装设的场景开关，就可以利用智能控制 App 实现远程操作，还可以进行现场直接控制。照明场景的搭建方式很简单，通过智能控制 App 可以灵活地添加或删除照明场景中的照明设备，也可以对 LED 灯具的亮灭、亮度、色温进行直观、简便的设置。

3．LED 智能照明系统的结构及搭建

1）LED 智能照明系统的结构

为便于分析 LED 智能照明系统结构，本书以光电实训台上的由智能照明模块和其他器件组成的小型 LED 智能照明系统为对象进行说明。

图 8-4　影院照明场景

光电实训台上的小型 LED 智能照明系统主要由智能控制 App、智能开关模块、LED 照明灯具模块和智能电动窗帘等部件组成。其中，智能开关模块主要包括智能空气开关、场景开关、三位翘板开关，照明灯具模块主要包括智能筒灯和智能线形灯。LED 智能照明系统的组成部件如图 8-5 所示。

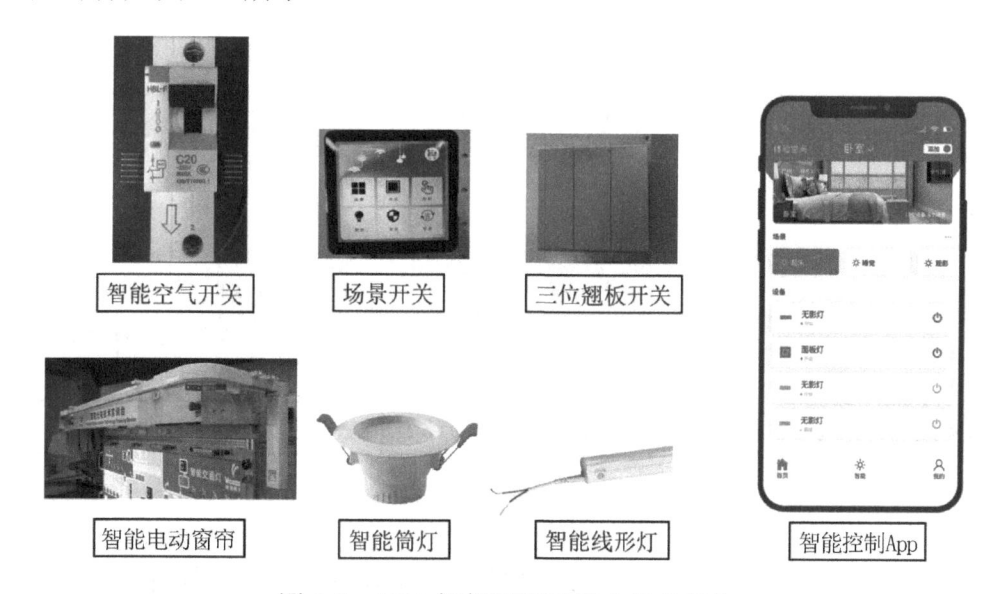

图 8-5　LED 智能照明系统的组成部件

2）LED 智能照明系统的搭建

LED 智能照明系统的电气连接图如图 8-6 所示。

LED 技术及应用

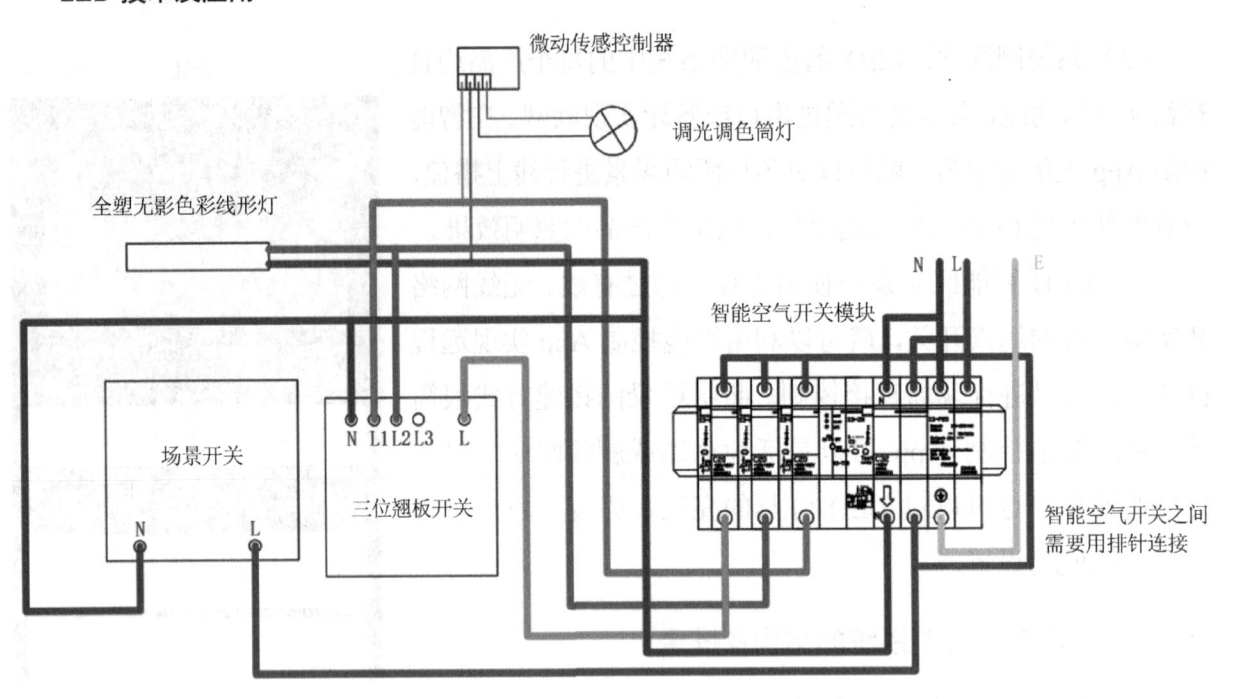

图 8-6　LED 智能照明系统的电气连接图

图 8-6 所示的 LED 智能照明系统主要由智能空气开关模块、智能开关模块、LED 照明灯具模块构成。

（1）智能空气开关模块。

智能空气开关模块包含 1 个电源管理器、1 个总电源管理器开关、3 个单电源管理器开关和 1 个 RS-485 智能空气开关通信模组，如图 8-7 所示。

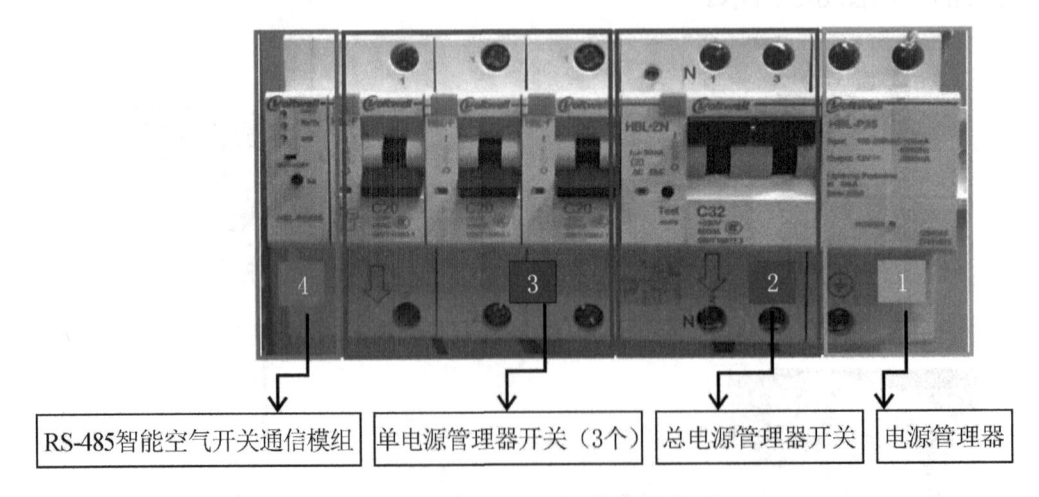

图 8-7　智能空气开关模块的组成

在智能空气开关模块中，总电源管理器开关作为电路总开关，负责控制电源总输入的通断，是一个两极（2P）空气开关。单电源管理器开关负责控制单个分支电路的通断，均是单极（1P）空气开关。

电源管理器按钮功能说明如图 8-8 所示，电源管理器结构示意图如图 8-9 所示。

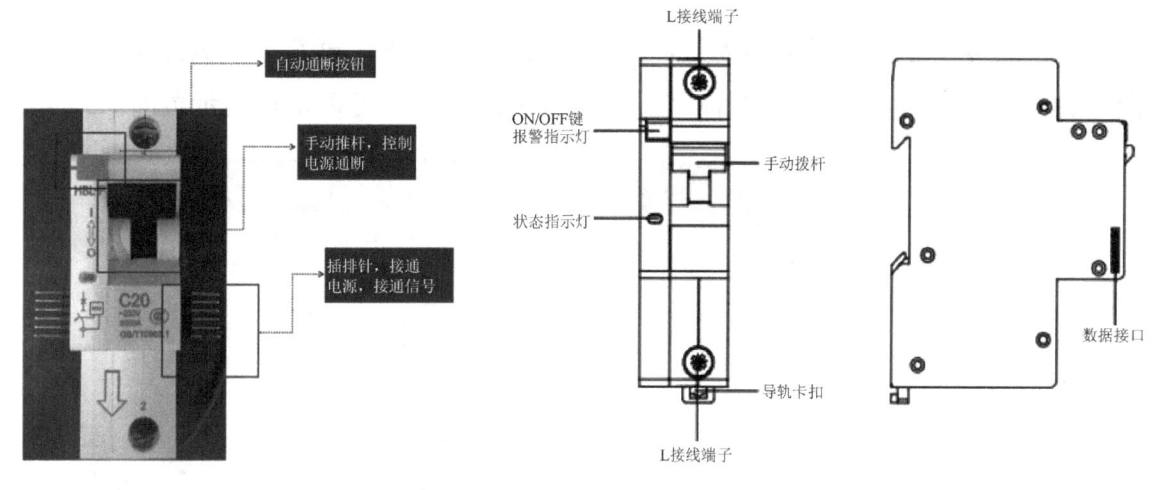

项目八　LED 智能照明系统

图 8-8　电源管理器按钮功能说明

图 8-9　电源管理器结构示意图

（2）智能开关模块。

智能开关模块包含 1 个场景开关和 1 个三位翘板开关，如图 8-10 所示。

（a）场景开关　　　　（b）三位翘板开关

图 8-10　智能开关模块

场景开关简介如下。

场景开关直接接通电源（AC 220V）即可运行，是一个由蓝牙控制并与各种场景集成的智能触摸屏，主界面如图 8-11 所示，功能按键包括场景、开关、触控、照明、安防、锁屏，每个按键代表不同的功能。

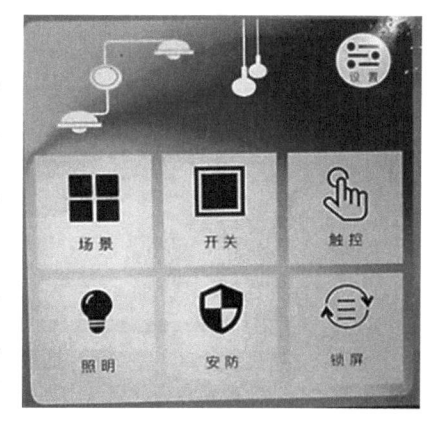

点击"场景"按键，进入智能场景页面。智能场景可以通过智能控制 App 更改。图 8-12（a）所示为智慧教室场景，图 8-12（b）所示为智能办公场景。

点击"开关"按键，进入开关场景页面，共有 5 个子

图 8-11　场景开关主界面

页面，前 3 个子页面为开关场景，如图 8-13（a）所示，分别是一位开关、二位开关和三

位开关；第 4 个子页面是插座场景，如图 8-13（b）所示；第 5 个子页面是窗帘场景，如图 8-13（c）所示。点击左移图标"<"、右移图标">"可以切换显示页面。

(a) 智慧教室场景

(b) 智能办公场景

图 8-12　智能场景页面

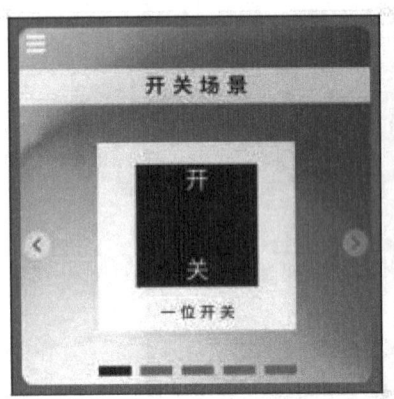

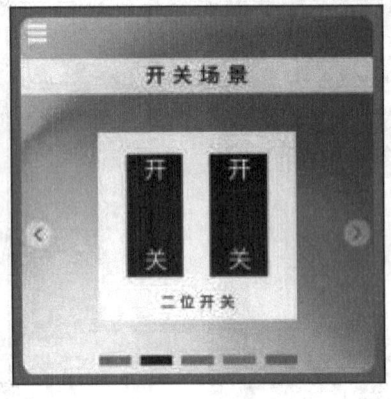

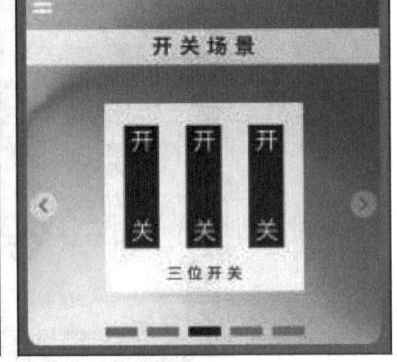

(a) 开关场景

(b) 插座场景

(c) 窗帘场景

图 8-13　开关场景页面

点击"照明"按键，进入照明场景页面，共有 3 个子页面，点击左移图标"<"、右移图标">"可以切换显示页面。照明场景提供一键开关灯具和调节灯具亮度、色温及色彩的功能，可将灯具的亮度设置为夜光、柔和明亮等类型，也可将灯具的色温设置为暖白、自然、冷白等类型。照明场景页面如图 8-14 所示。

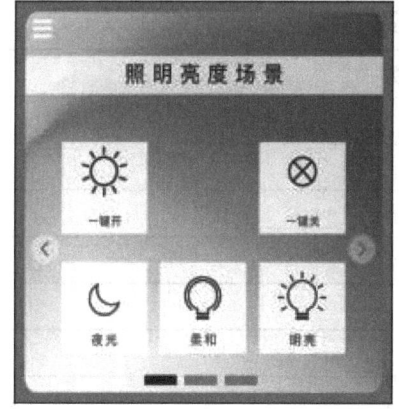

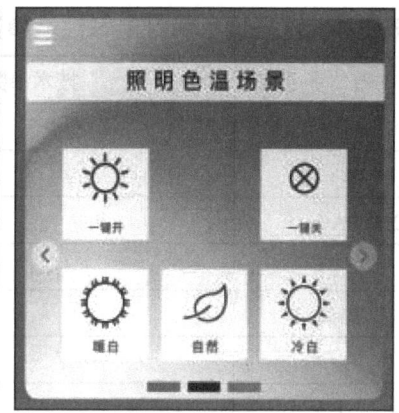

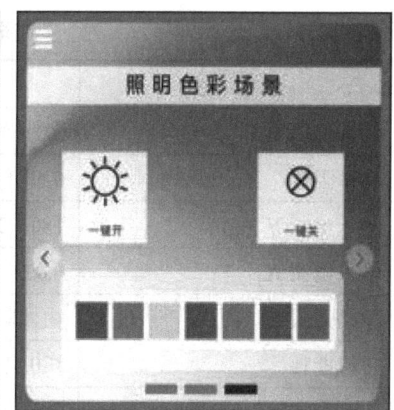

图 8-14　照明场景页面

智能翘板开关简介如下。

智能翘板开关具有蓝牙通信功能，可以利用智能控制 App 实现蓝牙无线连接，从而实现对开关的远程操控。配合传统的电路连接，可以用智能翘板开关智能控制各种 LED 灯具的亮灭。在使用智能翘板开关时，一般需要先恢复出厂设置。长按智能翘板开关左边第一个按键 10s，即可恢复出厂设置。智能翘板开关连接示意图如图 8-15 所示。

（3）智能 LED 灯具模块。

智能 LED 灯具模块包含 1 个调光调色筒灯和 1 个全塑无影色彩线形灯，如图 8-16 所示。

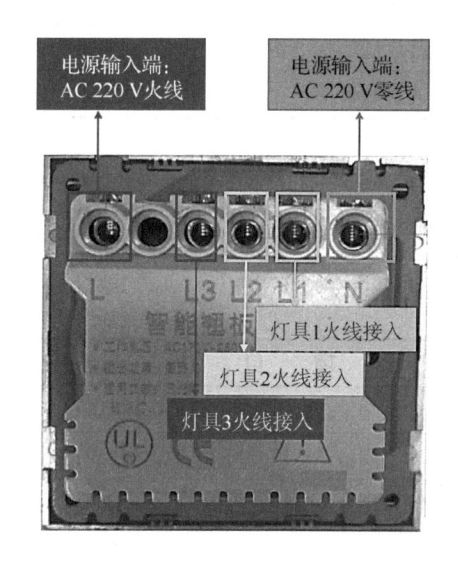

图 8-15　智能翘板开关连接示意图

（a）调光调色筒灯　　　　（b）全塑无影色彩线形灯

图 8-16　智能 LED 灯具模块

LED 技术及应用

调光调色筒灯的型号为 2.5 寸调光调色 3W 筒灯（301），尺寸规格为 ϕ91mm×52mm，其电气性能参数如表 8-1 所示。

表 8-1　调光调色筒灯电气性能参数

项　　目	技术参数
灯具功率/W	3.0±1
功率因数	0.5
输入电压/V	180～250V AC
输入电流/A	0.022
驱动方式	内置驱动/隔离
待机能耗	≤0.5W
控制方式	蓝牙无线，PWM，共阳，三路输出
控制距离/m	30～60
蓝牙版本	BLE 4.2，Mesh
蓝牙通信标准协议	IEEE 802.15
连接数量	Mesh 自动组网 10000 PCS，分组组网（Group Network）：8 组，200 pcs/group

全塑无影色彩线形灯的型号为 HBL-201007-001，LED 全塑日光灯管，尺寸规格为 900mm×22mm×33mm，其电气性能参数如表 8-2 所示。

表 8-2　全塑无影色彩线形灯电气性能参数

项　　目	技术参数
灯具功率/W	10.0±1
功率因数	0.5
输入电压/V	180～250V AC
输入电流/A	0.185
驱动方式	内置驱动
待机能耗	≤0.5W
控制方式	蓝牙无线，PWM 调光、调色
控制距离/m	30～60
蓝牙版本	BLE 4.2，Mesh
蓝牙通信标准协议	IEEE 802.15
连接数量	Mesh 自动组网 10000 PCS，分组组网：8 组，200 pcs/group
系统兼容	iOS 8.0 或以上版本/Android 4.3 或以上版本

筒灯装配示意图和线形灯接线示意图如图 8-17 所示。

筒灯和线形灯的软件控制操作步骤如下。

项目八　LED 智能照明系统

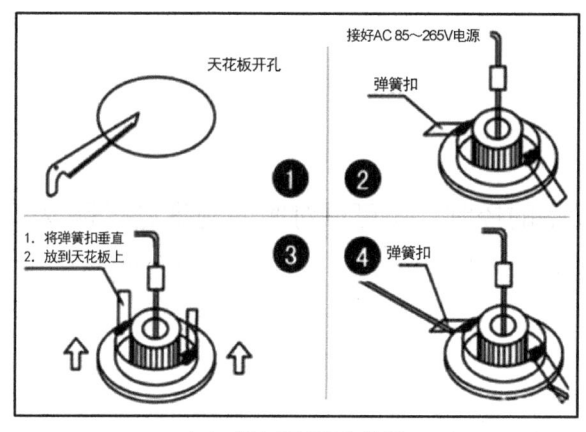

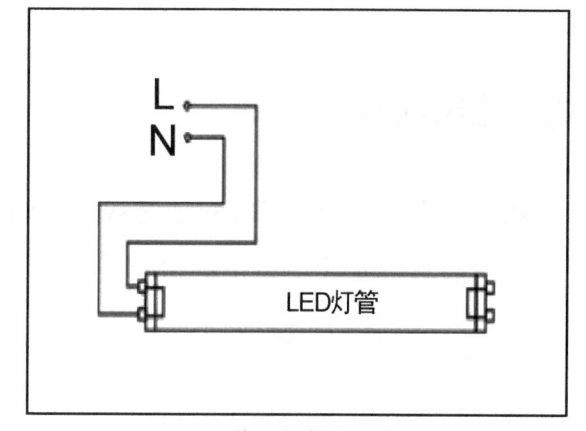

(a) 筒灯装配示意图　　　　　　(b) 线形灯接线示意图

图 8-17　筒灯装配示意图和线形灯接线示意图

图 8-18　"唯康智控"的图标

第一步：下载"唯康智控"至 Android 系统的手机或平板电脑上。"唯康智控"的图标如图 8-18 所示。

第二步：启动蓝牙，打开"唯康智控"，在"智能"页面搜索设备，选择筒灯和线形灯设备，添加和绑定。完成添加和绑定后就可以通过"唯康智控"远程控制灯具的开、关并调控灯具的亮度、色温和色彩了。设备绑定和调控操作示意图如图 8-19 所示。需要注意，筒灯只能调控亮度和色温，不能调控色彩。

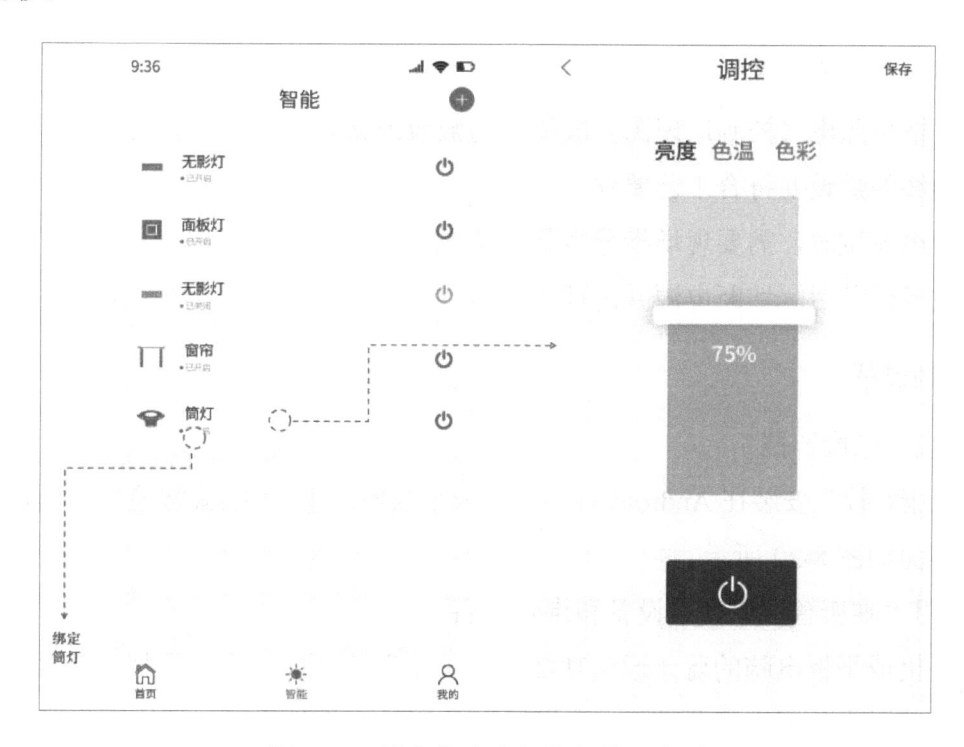

图 8-19　设备绑定和调控操作示意图

LED 技术及应用

🔧 任务实施

通过"唯康智控"可以实现对智能照明设备的控制,还可以对照明场景进行预设。本任务的主要目标是让学生了解和应用"唯康智控",学会绑定新设备和搭建新照明场景。

1. 实训器材（见表 8-3）

表 8-3　LED 智能照明场景预设实训器材

名　　　称	功　　　能
单相交流 220V 电源	提供电源
总电源管理器开关	电路总开关,控制电源总输入的通断
单电源管理器开关	单个分支电路开关,控制单个分支电路的通断
调光调色筒灯	1 号智能照明负载
全塑无影色彩线形灯	2 号智能照明负载
三位翘板开关	控制照明电路的通断
智能场景开关	搭建新照明场景,实现智能照明控制
Android 系统手机或平板电脑	安装"唯康智控"

2. 实训安全与要求

（1）实训前,按表 8-3 准备实训器材。

（2）根据电气连接图完成各个设备的安装与检测。

（3）严格按照电气控制原理图完成线路的敷设连接。

（4）导线的敷设要符合工艺要求。

（5）通电调试时,需要现场指导教师确认无安全隐患后方可进行。

（6）完成任务后,切断电源并清理工作区域,待指导教师检查无误后方可离开现场。

3. 实训过程

1）安装"唯康智控"

将"唯康智控"安装在 Android 系统手机或平板电脑上。"唯康智控"的图标如图 8-18 所示,主界面如图 8-20 所示。

2）利用"唯康智控"搜索设备和绑定设备

启动手机或平板电脑的蓝牙通信功能,打开"唯康智控",在"智能"界面搜索蓝牙无线网络覆盖范围内的调光调色筒灯、全塑无影色彩线形灯等设备,具体操作流程如图 8-21 所示。

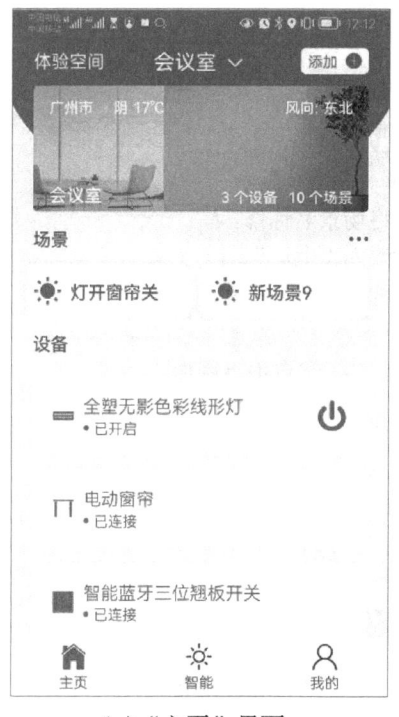

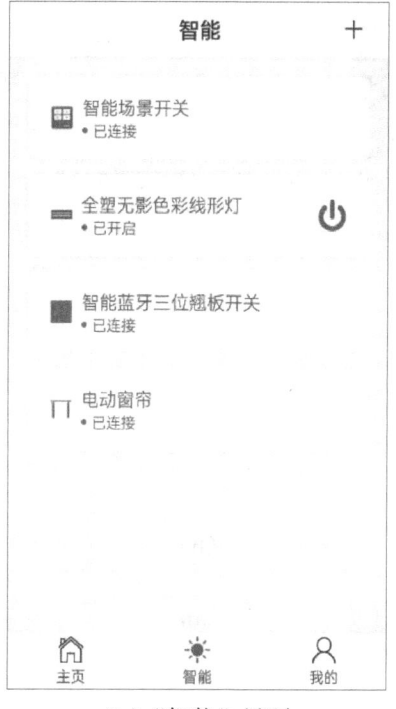

项目八　LED 智能照明系统

(a)"主页"界面　　　(b)"智能"界面　　　(c)"我的"界面

图 8-20　"唯康智控"的主界面

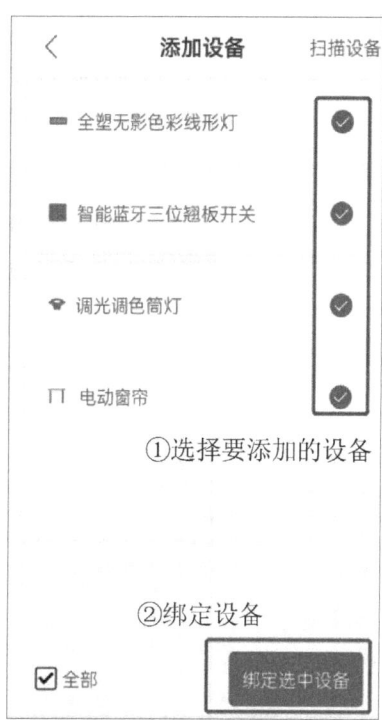

点击"搜索设备"按钮

①选择要添加的设备

②绑定设备

图 8-21　"唯康智控"搜索设备和绑定设备操作流程

3）利用"唯康智控"搭建"上班"场景

绑定设备后，回到"主页"界面，点击"场景"右侧的"…"图标，进入新场景搭建界面，搭建"上班"场景，具体操作流程如图 8-22 所示。

LED 技术及应用

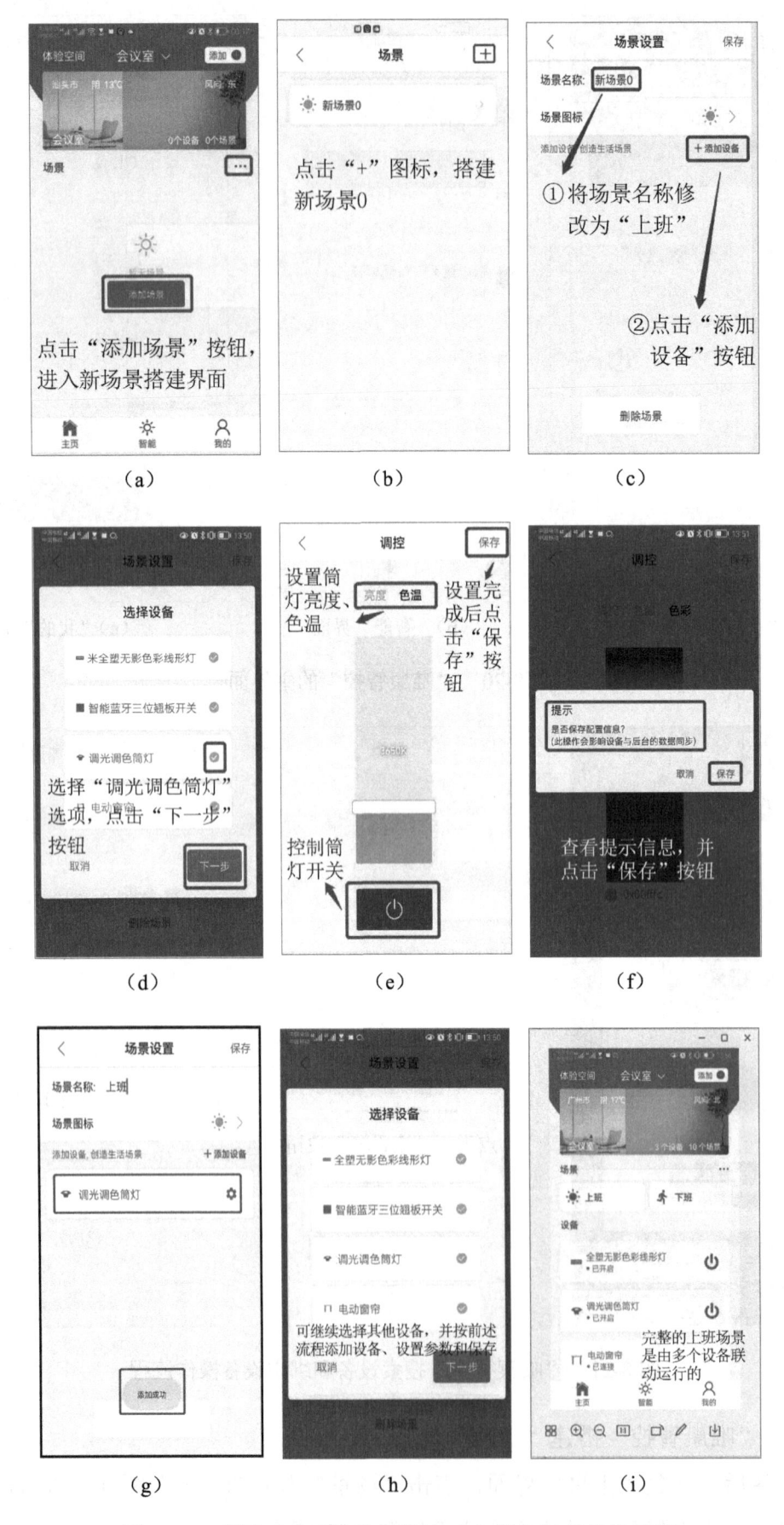

图 8-22 利用"唯康智控"搭建"上班"场景操作流程

思考：根据实际情况，判断我们的家居环境照明可以怎样搭建照明场景？

任务二 LED 智能照明系统的调试

LED 智能照明系统不同于传统照明系统，它更能满足现代人们对照明的不同需求，更人性化、智能化，同时结构更加复杂，不同照明系统间的调试方法和技术会有一定差异。此外，需要满足一定条件才能完成 LED 智能照明系统的调试。

任务目标

知识目标

1. 了解 LED 智能照明系统调试应具备的条件。
2. 了解 LED 智能照明系统的调试方法。

技能目标

1. 能进行 LED 智能照明系统设备单体调试。
2. 能完成 LED 智能照明系统应用软件联动调试。

任务内容

LED 智能照明系统的调试。

知识与技能

1. LED 智能照明系统调试应具备的条件

LED 智能照明系统调试应具备的条件分为两方面：一方面 LED 智能照明系统硬件安装要达到调试要求；另一方面网络环境要支持 LED 智能照明系统运行。

1）LED 智能照明系统硬件安装条件

查阅图纸和设备配置资料，核对设备数量，确保设备完整；按安装要求和产品技术要求检查设备安装情况，现场的各种控制模块、传感器模块、各类灯具等应全部安装完毕，线路敷设和接线应符合设计图纸要求；电源应满足线路总体供电要求，各支路应正常供电；检测硬件的蓝牙配置情况，各开关模块和各灯具模块要配置无线蓝牙。

LED 技术及应用

2）LED 智能照明系统网络环境条件

终端智能软件要安装在 Android 系统手机或平板电脑上，终端设备要支持蓝牙通信，要建立局域范围内的蓝牙无线通信网络，以支持 LED 智能照明系统各个设备之间的无线通信。

2．LED 智能照明系统设备单体调试

LED 智能照明系统设备单体调试主要指筒灯和线形灯的设备单体调试，按控制方式分为人工手动控制方式和智能软件远程控制方式，下面分别讲述两种控制方式下的设备单体调试步骤。

1）人工手动控制方式

第一步：查阅电气连接图，确保各支路线路安装正确。

第二步：检查各支路上的所有设备是否均能正常工作，若有异常，应及时更换。

第三步：按动控制开关对筒灯和线形灯的通断进行调试。若能正常打开和关闭灯具，则停止调试；否则，及时排除原因，继续调试。

2）智能软件远程控制方式

第一步：和人工手动控制方式一样，查阅电气连接图，确保各支路线路安装正确。

第二步：打开"唯康智控"，启动终端设备（手机、平板电脑）的蓝牙通信功能，进入"智能"界面，搜索筒灯和线形灯设备。搜索到设备后，选择设备并绑定。

第三步：回到"唯康智控"的"主页"界面，查看上一步绑定的两个设备，先单击设备旁边的"开关"图标" ⏻ "，对单个灯的开关进行调试。

第四步：在"唯康智控"的"主页"界面，点击已绑定的筒灯或线形灯，进入灯具亮度、色彩、色温设置界面，进行相关设置，查看灯具对应参数是否能正常变化。对于筒灯，只能设置其亮度和色温。

3．LED 智能照明系统应用软件联动的调试

联动调试是指应用"唯康智控"对 LED 智能照明系统内的多个设备进行联动运行调试，具体操作方法和步骤如下。

第一步：安装"唯康智控"，查阅电气连接图，检查线路和设备。

第二步：启动终端设备的蓝牙通信功能，组建无线局域网。

第三步：打开"唯康智控"，进入"主页"界面，搭建新场景，如上班场景。

第四步：完成新场景搭建后，为新场景添加筒灯、线形灯、场景开关、翘板开关等设备。注意，在添加设备时，每个设备要逐一添加，而且在添加灯具设备的同时要对其亮度、色温、色彩等参数进行设定。对于场景开关、翘板开关，直接选择添加即可。

第五步：完成新场景的相关设置后，回到"主页"界面，点击搭建的场景的名称，查看各个设备是否能按照上一步设定的参数运行。

🔧 任务实施

本任务主要进行 LED 智能照明系统设备单体调试操作。

1．实训器材（见表 8-4）

表 8-4　LED 智能照明系统设备单体调试实训器材

名　　称	功　　能
单相交流 220V 电源	提供电源
总电源管理器开关	电路总开关，控制电源总输入的通断
单电源管理器开关	单个分支电路开关，控制单个分支电路的通断
全塑无影色彩线形灯	2 号智能照明负载
Android 系统的手机或平板电脑	安装"唯康智控"

2．实训安全与要求

（1）实训前，按表 8-4 准备实训器材。

（2）根据电气连接图完成各个设备的安装、检测。

（3）严格按照电气控制原理图完成单个分支线路的敷设。

（4）导线敷设要符合工艺要求。

（5）通电调试时，需要现场指导教师确认无安全隐患后方可进行。

（6）完成任务后，切断电源并清理工作区域，待指导教师检查无误后方可离开现场。

3．实训过程

线形灯的单体调试如下。

（1）人工手动控制方式。

① 复位电源管理器开关。先复位总电源管理器开关，再复位单电源管理器开关。复位电源管理器开关操作：按下开关自动通断按钮，连续断开、接通 10 次，负载闪烁，说明电源管理器开关复位成功。

② 完成电源管理器开关复位后，分别接通总电源管理器开关和单电源管理器开关，点亮线形灯；断开单电源管理器开关，线形灯熄灭，单体调试完成。

（2）软件智能控制方式。

① 启动智能终端设备的蓝牙通信功能，并打开"唯康智控"。

LED 技术及应用

② 在"唯康智控"的"智能"界面,搜索线形灯设备。搜索到设备后,点击右侧图标" ✓ ",选择设备,点击右下方的"绑定选中设备"按钮绑定设备。

③ 回到"唯康智控"的"主页"界面,在设备下方,选择全塑无影色彩线形灯,进入线形灯调控界面,如图 8-23 所示,控制线形灯的亮灭,并完成线形灯的亮度、色温和色彩的设置。

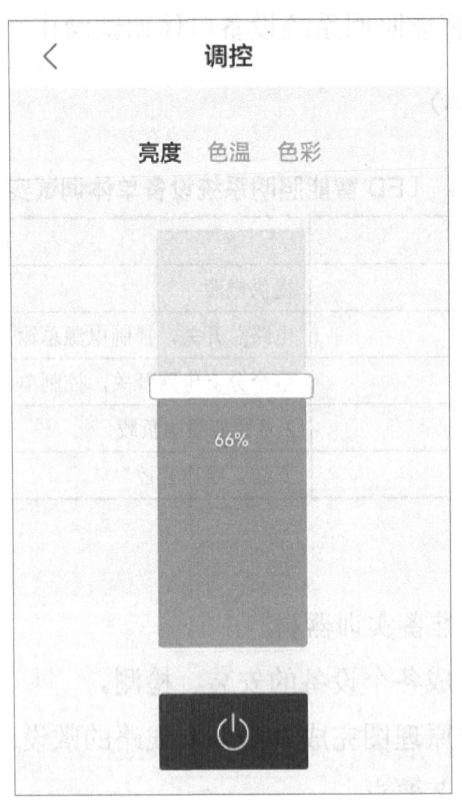

图 8-23 线形灯调控界面

④ 在线形灯调控界面对线形灯进行调控,观察线形灯的变化。如果只需要控制线形灯的亮灭,那么可以通过点击"唯康智控"的"主页"界面的线形灯旁边的"开关"图标" ⏻ "实现控制。

思考:其他照明设备,如筒灯、翘板开关等,应如何进行单体调试?

任务三 LED 智能照明系统的应用

智能照明系统在确保灯具能正常工作的条件下,给灯具输出一个最佳照明功率,不仅可以减少过压造成的照明眩光,使灯光发出的光线更柔和、分布更均匀;还可以节约电能。在一般情况下,智能照明系统的节电率可达 20%~40%。LED 技术是智能照明系统的基础,LED 技术的迅速发展对智能照明系统的普及应用有较大助益。

项目八 LED 智能照明系统

🎯 任务目标

知识目标

1. 了解 LED 智能照明系统的应用场景。
2. 了解 LED 智能照明系统的发展概况。

任务内容

1. LED 智能照明系统的应用场景。
2. LED 智能照明系统的发展情况。

知识与技能

1. LED 智能照明系统在不同场景中的应用

20 世纪 90 年代，智能照明行业在中国兴起，但受人们消费意识、市场环境、产品价格等因素的影响，发展速度并不快。随着智慧城市建设理念的提出，智能照明凭借安全节能、智能控制、人性化设计等特点，逐渐被人们接受并受到重视，现已在城市照明、工业照明、家居照明、办公照明等多个领域得到广泛应用。

1）城市照明领域

城市照明标志着城市建设的发展。丰富多样的城市空间和景观环境，不仅是一种视觉体验，更是一种主观意识形态。城市在加强城市照明建设时，不仅要解决传统照明存在的弊端，还要尽量减少能源消耗。LED 智能照明系统采用无线通信技术，在传统供电架构中加入可配置后台软件的智能控制终端、智能开关和 LED 节能灯具等，可以对城市照明进行智能化控制，通过计算机、平板电脑、手机等终端设备实时了解道路、园区、高速公路等区域的照明状态，对不同照明场所开关灯时间进行预设；还可以根据人流量自动执行隔盏点亮或调低灯的亮度等操作，在节能的同时减少人工操作。图 8-24 所示为广州市"一江两岸三带"核心段照明景观。

2）工业照明领域

智能照明在工业照明领域承担着重要角色。例如，大型工业厂区厂房建筑室内、室外照明用电量大，出于作业安全考虑，工业照明对灯光要求很严格。对工业照明进行智能控制，不仅可以通过智能照明系统预设厂房照明灯具的开关数量和照明时间；还可以根据不同需求，随着季节和天气的变化，自动调节室内照明的照度，不仅不影响作业，而且更人性化、更节能。图 8-25 所示为厂房生产作业照明场景。

图 8-24　广州市"一江两岸三带"核心段照明景观

图 8-25　厂房生产作业照明场景

3）家居照明领域

随着人民生活水平的提高，人们对家居照明系统有了更高的需求。家居照明系统不仅要控制灯具的照明时间、亮度，还要与家居子系统配合；不仅要针对不同应用场景营造相应的灯光场景，还要考虑管理智能化、操作简单化及操作的灵活性，以适应未来照明布局和控制方式变更等。因此，智能家居照明具有很好的市场前景。图 8-26 所示为智能家居照明场景。

图 8-26　智能家居照明场景

4）办公照明领域

人们走进会议室，预先设置的照明场景自动控制灯光亮度和点亮的灯具数量，将室内照明调整到最合适的状态；会议结束，人们离开房间，灯自动熄灭。如此先进的办公智能照明场景，在各种大型办公楼中如今已经实现。高品质的智能化办公照明进驻办公场所，将不必要的能耗降到最低的同时为人们提供了高效节能、安全环保的照明体验，提高了人们的工作效率。图 8-27 所示为办公场所智能照明场景。

图 8-27　办公场所智能照明场景

2. LED 智能照明系统应用的现状及发展趋势

照明灯具是国民经济发展和人民生活的必需品，照明行业在国民经济中具有特殊地位和作用。从基于钨丝灯、气体放电灯的传统照明跨入基于半导体器件的 LED 照明，遇到从移动互联网发展到万物互联的物联网时代，两者结合，开创了前景广阔的基于物联网的智能照明时代。

LED智能照明系统有以下几个优点。

（1）照明的自动化控制。LED智能照明系统可预先搭建不同照明场景，只要在相应的控制面板上进行操作，即可调入所需的场景。用户可以通过可编程控制面板对场景进行实时操控，以适应不同需求。另外，用户还可以通过接口用便携式编程器变换不同场景。

（2）节约能源。LED智能照明系统能对大多数灯具进行智能调光，结合传感器技术，能在需要的地方、需要的时间实现充分照明，同时及时关掉不需要的灯具，充分利用自然光，节能效果很好。智能化照明控制一般可以节约20%～40%的电能，降低了用户电费支出，也减轻了社会的供电压力。

（3）照度的一致性。在相同照明情况下，受灯具效率和墙面反射率等因素影响，同一环境不同区域的照度不一定相同。例如，学校的教室，在同样的自然光照下，靠窗的地方比不靠窗的地方亮。如果用相同照度的灯具进行照明，就会出现照度不一致的情况。LED智能照明系统可以改善这种情况。我们可以通过安装照度传感器来采集实际照度，并将采集到的信息和预先设置的标准亮度进行对比分析，通过智能调光让照明区域的照度保持恒定。

（4）延长光源寿命。光源损坏的主要原因是工作电压过高，只要适当降低工作电压，就能延长光源的使用寿命。LED智能照明系统采用软启动方式，控制电网冲击电压和浪涌电压，使灯丝免受热冲击，从而使光源寿命延长2～4倍。

（5）美化环境。使用LED智能照明系统，可通过变换场景增加环境艺术效果，产生立体感、层次感，营造舒适的环境，有利于人们身心健康，提高工作效率。

（6）综合控制。使用LED智能照明系统，可实现对整个系统的监控，实时设置和修改照明场景等；可及时了解当前各个照明回路的工作状态，当有紧急情况时，及时发出故障报告并控制整个系统。

随着5G技术的商用，智能产业迎来了很好的发展方向，智能照明产品迎来了爆炸式增长。从市场需求角度来看，智能照明对传统照明的替代效应会极大激发智能照明市场的需求，智能照明产业极具诱惑力的市场"大蛋糕"已逐步呈现，预计2025年智能照明市场规模将超过千亿元。

考核

任务考核内容		标准分值	自我评分分值×50%	教师评分分值×50%
专业知识与技能	任务计划阶段			
	实训任务要求	10		
	任务执行阶段			
	了解智能照明行业的发展概况	5		
	了解 LED 智能照明系统结构	5		
	了解 LED 智能照明系统工作原理	10		
	实训设备使用	10		
	任务完成阶段			
	"唯康智控"的应用	10		
	智能照明场景的搭建	10		
	LED 智能照明系统单体调试	10		
	实训效果	10		
职业素养	规范操作（安全、文明）	5		
	学习态度	5		
	合作精神及组织协调能力	5		
	交流总结	5		
合计		100		

学生心得体会与收获：

教师总体评价与建议：

教师签名：　　　　日期：

思考与习题

一、填空题

1. 整个 LED 智能照明系统按层级可分为_____、_____和_____三层。应用层由_____组成，控制层主要由_____、_____、传感器和场景控制模块等可通断和调节电路的控制器件组成。

2. 目前，生产、生活中应用的照明设备主要采用的控制方式有_____、

_____、声音控制和_____。

3．光电实训台上的小型LED智能照明系统主要由_____、_____、LED照明灯具模块和_____组成。

二、问答题

1．简述LED智能照明系统的主要特点。

2．如何搭建LED智能照明系统？

3．简述如何在智能控制App上搭建"下班"场景。

4．简述LED智能照明系统调试应具备哪些条件。

5．LED智能照明系统设备单体调试的控制方式可分为人工手动控制方式和智能软件远程控制方式，分别说明在不同控制方式下如何完成设备的单体调试。

6．简述LED智能照明系统可以在哪些场景中得到怎样的应用。

7．LED智能照明系统存在哪些发展优势？